集合論入門

赤 攝也

筑摩書房

文庫化に際して

『集合論入門』(培風館)が文庫化されることになった.これを機に一言申し述べたいと思う.

本書は,題名のとおり入門書であって,専門書ではない.もっと詳しく言えば,本書はゲオルク・カントールの創始した「古典的」な集合論の詳細な解説書ではあるが,現在研究されつつある「公理的」な集合論にはほんの少ししか触れるところがないのである.

では,本書にどういう存在意義があるのか.——それは,次のごとくである.

およそ,現代数学の理論はいくつかの公理の集まり,すなわち公理系を出発点とし,正しい論理に従って展開されるものでなければならない.集合論も例外ではないのである.現代の集合論の公理系はいくつかあるが,その代表的なものの一つを巻末に紹介しておいた.では,それからまずどのようなことを論理的に導くか.それが実は,「古典的集合論」の諸定理に他ならないのである.したがって,公理的集合論を勉強ないしは研究しようという場合,古典的集合論の詳しい知識を欠くことはできない.多分できない.本書が現代でも十分存在意義のある所以である.さら

に，本書の諸定理の証明が，公理的集合論でも十分通用するものであってみれば，読者諸氏にとって，これまた十分お役に立つはずだと思う．

つまり，古典的集合論と公理的集合論との違いは，ユークリッドの『原論』の幾何学とヒルベルトの『幾何学基礎論』から出発する幾何学との違いと同じで，体裁は違うが内容まで違うわけではないのである．安心されたい．数学の他の分野の勉強や研究のためには，古典的集合論だけで十分間に合うのである．

なお，本書の出版に際し，大変お世話になった株式会社筑摩書房，および編集部の海老原勇氏に深く感謝する．また旧版の刊行に永年努力された株式会社培風館にも厚くお礼を申し上げる次第である．

2013年7月19日

赤　攝　也

はしがき

　集合論は，数学の最も深い基礎によこたわるところの重要な分野である．本書は，この理論に対する，わかりやすい入門書として書かれた．
　最近，数学や理科専攻の学生はもとより，文科系統の学生，研究者あるいは一般人士の間に，集合論に対する関心がようやく高まってきているようであるが，本書は，このような人たちの要求にこたえようとするものである．
　集合論には，古くから，かなりの書物が出版されている．しかしながら，それらのあるものは専門書であって，初学者が読むのには不向きである．また，残りの書物は入門書を標榜してはいるが，あるいは解説が簡潔にすぎたり，あるいは内容が少なすぎたり，あるいは平易をむねとするあまり，記述に厳密を欠いたりするのが多いように見受けられる．
　本書が，その間隙をよく埋めるものであるなどというつもりは毛頭ないが，上のような事情が著者を刺激したことはたしかである．
　著者は，本書をしるすにあたり，読者に要求する予備知識をできるだけ少なくすることにつとめた．もし，計画が

忠実に遂行されたものとすれば，本書を読むのに必要な数学的予備知識は，せいぜい高等学校初学年程度のそれで十分なはずである．

　また，著者は，本書を読むのに必要な数学的予備訓練をできるだけ少なくすることに努力した．数学においては，あらゆるものを頭脳の中で創造するのであるから，数学書は，"はじめ"から書いてさえあれば，原則的には子供でも読みうるはずのものである．それにもかかわらず，現実にそれが不可能であるのは，実は，読者がそれまでに受けた数学的訓練の効果というものが介入してくるからにほかならない．一方，数学書にかぎらず，すべての学術書の著者には，読者にある程度の基礎訓練と忍耐とを要求する権利があるものと信ぜられている．しかしながら，私は，その権利を大幅に放棄しようとこころざしたのである．もし，その意図が達せられたものとすれば，本書を読むのに必要な数学的予備訓練は，やはり高等学校初学年程度のそれで十分なはずである．

　さらに，私は，記述をできるだけ厳密にすることに意を用いた．その結果，本書は，現代の数学的標準にてらしても，ほとんど杜撰な点を含まないものとなったと信じている．

　材料の選択に対しては，集合論の何たるかの理解に必要にして十分なものをという方針をとった．したがって，単に特殊な専門家だけに興味があるにとどまり，集合論の外貌の体得にあまり必要のないものは，これを遠慮なく割愛

することにしたのである．それゆえ，本書に，集合論の字引としての役割を強要されることは，著者の本意ではない．

本書をあらわすにあたって，私の意図したところは以上のごとくであるが，それが達せられているか否かについては，諸士の批判をあおぎたいと思う．しかし，何はともあれ，幸いにして，読者が本書により集合論の何たるかを理解することができれば，著者としてその喜びこれにすぎるものはない．

本書は，培風館の"新数学シリーズ"の一冊である．シリーズの監修者である吉田洋一教授は，構想の苦吟から原稿の作成，さらに印刷に至るまでのあらゆる段階において，数々の教示を与えられた．また，古屋茂教授は，原稿を閲読され，多くの有益な注意を下さった．一方，培風館，およびその編集部長野原博氏のよせられたなみなみならぬ御好意は忘れることができない．さらに，理学士宮崎英子さんおよび培風館編集部の森平勇三氏には，校正等に関してさまざまの御面倒をおかけした．本書は小冊子であるが，以上の方々の御援助がなかったならば，とうてい世に出ることはできなかったであろう．ここに謹んで感謝の意を表するものである．

1957 年 1 月

赤　攝　也

目　次

文庫化に際して　003
はしがき　005
てびき　013

第1編　集合の代数

I．集合の概念　023

§1. 集合とは何か …………………………………… 023
§2. 集合と元 ………………………………………… 025
§3. 集合の表現 ……………………………………… 027
§4. 部分集合 ………………………………………… 030

II．集合の演算　033

§1. 集合の差 ………………………………………… 033
§2. 空集合 …………………………………………… 035
§3. 補集合 …………………………………………… 038
§4. 和集合 …………………………………………… 041
§5. 共通部分 ………………………………………… 044
§6. 集合演算の間の関係 …………………………… 047
§7. 集合族 …………………………………………… 051

III．関数と直積　053

§1. 関数とは何か …………………………………… 053
§2. 関数をめぐる諸概念 …………………………… 056
§3. 合成関数 ………………………………………… 059
§4. 一対一の対応 …………………………………… 061
§5. 直積 ……………………………………………… 064
§6. 関数のグラフ …………………………………… 066

第2編 濃　　度

Ⅰ. 濃度の概念　　071
- §1. 個数とはなにか …………………………… 071
- §2. 濃度の定義 ………………………………… 075
- §3. 可付番集合 ………………………………… 078
- §4. 可付番でない集合 ………………………… 083

Ⅱ. 濃度の大小　　087
- §1. 濃度の大小 ………………………………… 087
- §2. ベルンシュタインの定理 ………………… 091
- §3. 巾集合の濃度 ……………………………… 095

Ⅲ. 濃度の和　　098
- §1. 濃度の和の定義と性質 …………………… 098
- §2. 集　合　系 ………………………………… 102
- §3. 濃度の和の概念の分析 …………………… 106
- §4. 濃度の和の拡張 …………………………… 108

Ⅳ. 濃度の積　　111
- §1. 濃度の積の定義と性質 …………………… 111
- §2. 和と積との関係 …………………………… 117
- §3. 濃度の積の拡張 …………………………… 119

Ⅴ. 濃度の巾　　122
- §1. 巾の定義 …………………………………… 122
- §2. 巾の性質 …………………………………… 125

第3編 順 序 数

Ⅰ. 順　　序　　131
- §1. 順　　序 …………………………………… 132
- §2. 順序集合 …………………………………… 135
- §3. 同　　型 …………………………………… 138
- §4. 順 序 型 …………………………………… 144

II. 整列集合 147
- §1. 整列集合 …………………………………… 148
- §2. 整列集合の比較 …………………………… 152

III. 順序数 157
- §1. 順序数 …………………………………… 158
- §2. 順序数の大小 …………………………… 160
- §3. 順序数の和 ……………………………… 166
- §4. 順序数の積 ……………………………… 170
- §5. 超限帰納法 ……………………………… 175
- §6. 順序数の巾の定義 ……………………… 178
- §7. 巾の性質 ………………………………… 184
- §8. ε-数 ……………………………………… 188
- §9. 順序数と濃度との関係 ………………… 189

IV. 整列可能定理 194
- §1. 選択公理 ………………………………… 194
- §2. 整列可能定理 …………………………… 196
- §3. 整列可能定理の応用 …………………… 201

むすび 203

付 録 211
- §1. 集合と論理 ……………………………… 211
- §2. ツォルンの補題 ………………………… 216
- §3. 集合論の公理 …………………………… 229

参考書について 236
補充問題 239
問の略解 245
文庫版付記 255
索 引 259

集合論入門

てびき

1. 本書は題して"集合論入門"という．つまり，数学の一部門である集合論という学問への入門書なのである．

それでは，いったい集合論とはどういう学問であるか．——本書を手にする読者は，何よりもまず，こういう質問を提起するにちがいない．しかしながら，陳腐ないい方ではあるけれども，その問に対する答が実はこの本自身なのである．簡単な標語で集合論の何たるかを描写することはさほど骨の折れることではないが，百聞は一見にしかずである．むしろ，本物にじかにぶつかって勉強してみる方が早いと思われる．

とはいえ，旅行に出かけるのには旅行案内という便利なものがある．それをあらかじめ読んでおけば，たまには，聞くと見るとでは大ちがいというふうな失望もあるかも知れないが，それにしても，交通機関のあるところを知らないで歩くような徒労は避けられようというものである．

そこで，ここに老婆心ながら，本書への旅行案内とでもいうべきものを記してみたいと思う．

2. いま，ここに，何個あるかは知らないが，ともかくいくつかのコップと，いくつかのコップ皿とがあるとす

る．そして，そのコップを一つずつ別のコップ皿の上にのせていったと考える．このとき，最後に，コップも皿もどちらもあまらなければ，誰しもコップと皿とが同じ数だけあったと結論するであろう．

つまり，なんらかのものの二つのグループがあったとき，もし一方のグループのものを他方のグループのものに一つずつつき合わせて過不足がなかった場合には，両グループは必然的に同じ数だけのメンバーを含んでいるのである．——これをかりに**"第一の原則"** と名づけよう．

つぎには，**"全体は部分よりも大きい"** という標語を考える．これは，周知のごとく，その起原をギリシャ時代に有するきわめて有名な命題である．われわれは，いまこれをつぎのように解釈して**"第二の原則"** と名づけよう：

なんらかのもののあるグループの一部分をなすグループは，もとのグループよりもメンバーが少ない．

さて，以上二つの原則は，至極簡明で何ら疑義がないものと考えられるかも知れない．——しかし，実は意外な問題がひそんでいるのである．

3. よく知られているように，偶数 2, 4, 6, 8, … は，自然数 1, 2, 3, 4, … の一部分である．したがって，上の第二の原則によれば，偶数全体のグループは自然数全体のグループよりもそのメンバーが少ないということになる．

ところで，いま自然数と偶数とをつぎのように一つずつ組み合わせてみよう：

```
自然数    1  2  3  4 …10… n …
         ↕  ↕  ↕  ↕   ↕    ↕
偶  数    2  4  6  8 …20…2n …
```

しからば，これで自然数と偶数とが一つずつつき合わせられて，全く過不足ないことになるのではなかろうか．――そうとすれば，第一の原則によって，偶数全体のグループは自然数全体のグループと同数のメンバーを含むという結果になるであろう．

しかしこれは妙である．すなわち，一方では偶数全体のグループは自然数全体のグループよりもメンバーが少ないという結論が出たのに，他方でそれらが等しいという結論が出るのは矛盾である．いったい，どこにからくりがあるのであろうか．

4. もう一つの例をあげてみよう．線分 AB（第１図参照）上に一点 C をとり，AB と AC とを比較する．しからばたしかに，AC は AB の一部分である．よって，AC 上にある点のグループは，AB 上にある点のグループよりも，メンバーが少ないということになる．

ところで，いま AC を平行に移動して図のように A'B' をつくり，AA' と BB' との交点を P とおく．そして，線分 AB 上の任意の点 X に対して，PX と A'B' との交点 X' を考え，X とその X' を組み合わ

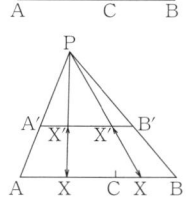

第１図

せることに規約する．そうすれば，AB 上の点と A'B' 上の点とは，上の規約により一つずつつき合わせられて過不足がなく，したがってそれらは同数という結果になるであろう．しかるに，AC と A'B' とは，位置がちがうだけでその内容は同じものであった．よって，上のことは AC 上の点のグループと AB 上の点のグループとが，同数のメンバーを含むということに他ならない．

つまり，自然数と偶数の場合と同様の奇妙なことが，ここにもまたおこったことになるわけである．

5. これらの事実は，いったいどう解釈すべきなのであろうか．

もうすでに気づかれた向きもあろうと思うが，実をいえば，かの第二の原則は，第一の原則に固執するかぎり——10 個のコップのグループとか，100 枚の皿のグループなどのような——"有限"個のもののグループにしか通用しないものなのである．いいかえれば，それは，自然数全体のグループとか線分上の点のグループなどのような"無限"に多くのもののグループには，適用できないものなのである．このようなところに，有限と無限との大きなちがいがあるといえるであろう．

ごく大ざっぱにいえば，"集合論"という言葉の中にあらわれる"集合"とは，われわれがこれまでに度々使ってきた"グループ"という言葉の同義語に他ならない．そして，かの第一の原則に基づいていろいろの集合のメンバーの多少を論ずることは，この集合論という学問の最も大きな題

目の一つなのである．その際，無限に多くのメンバーを含む集合がその主な対象となることはいうまでもない．

これをもう少しくわしく説明してみよう．

6. われわれは，上に，自然数全体のグループ——集合と，偶数全体のグループ——集合とが，同数のメンバーを含むことを知った．

実は，さらに，整数 0, ±1, ±2, ±3, … 全体の集合も，自然数全体の集合と同数のメンバーを含むことがたしかめられる．それには，両集合のメンバー同士をつぎのようにつき合わせてみればよい．

    自然数   1 2 3 4 5 … 10 11 … $2n$ $2n+1$ …
            ↕ ↕ ↕ ↕ ↕   ↕ ↕   ↕   ↕
    整 数   0 1 −1 2 −2 … 5 −5 … n $-n$ …

このほか，いろいろのもの，たとえば素数全体の集合や，あのきわめて多くありそうにみえる分数——有理数全体の集合でさえも，自然数全体の集合と同数のメンバーを含むことが知られるのである．

さて，そうすれば，誰しも，無限に多くのメンバーを含む集合は互いに同数のメンバーを含むのではないか——という疑問を起すであろう．

しかし，実はこれは正しくないのである．集合論は，カントール（G. Cantor）という学者によって創始されたのであるが，彼の最も大きな功績の一つは，実数全体の集合は自然数全体の集合とメンバーの数がちがうことを見出した点にある．これは 1874 年のことであったが，これを契機

として彼は，無限に多くのメンバーを含む集合のうちでメンバーの数のちがうものはいったい何種類ぐらいあるか，またその各種の集合の間にはどんな関係があるかを調べ始めたのであった．集合論のうちのこのような研究分野を"濃度の理論"といっている．

7．すでに述べたように，自然数全体の集合と整数全体の集合とは同数のメンバーを含んでいる．しかし，その両方のメンバーを大きさの順序に並べてみると

自然数　$1<2<3<4<\cdots<n<\cdots$

整　数　$\cdots<-n<\cdots<-2<-1<0<1<2<\cdots<n<\cdots$

となって，だいぶ様子のちがっていることがわかる．つまり，自然数には最小のものがあるのに対し，整数にはそのようなものがないのである．

つまり，これは，自然数全体の集合と整数全体の集合とは，メンバーの数という点では同じであるが，大小の順序によるメンバーの並び方という点については，少々ちがった構造をもっているということに他ならない．

このようなところから，メンバーの並び方の指定された集合の中で，タイプのちがうものはいったいどのくらいあるか，また各タイプの集合間にはどんな関係があるか，という問題が起ってくるのは自然であろう．集合論のうちで，このようなことを調べる分野を"順序の理論"といっている．

濃度の理論と順序の理論とを合わせたものが，いわば最も普通の意味での集合論である．上に述べたカントール

は，1874年以来，ほとんど独力でこの理論を建設し，1918年72歳で世を去った．

8. 話は変わるが，集合という概念はきわめて根本的なものである．

たとえば，"哺乳動物"や"海にすむ動物"というような言葉を考えてみる．そうすれば，われわれは，これらに対応して，哺乳動物全体の集合，海にすむ動物全体の集合というものを想像することができるであろう．これらを，かりに集合A，集合Bとよぶことにする．さて，かくすれば，"海にすむ哺乳動物がある"という命題は，上につくった二つの集合A, Bにともにメンバーとして属するような，たとえば，"くじら"のようなものがあるということと同じである．また，"海にすまない哺乳動物がある"という命題は，集合Aの中に集合Bのメンバーでないような，たとえば，"猿"のようなメンバーがあることと解釈することができる．さらにまた，"猿は哺乳動物である"という命題は，猿全体からなる集合CがAの一部分をなすことである，と解釈される．

つまり，いろいろの概念には，その概念にあてはまるようなものの全部をメンバーとするような集合が対応し，さらに概念と概念との間の関係は，それらに対応する集合と集合との間の関係に翻訳することができるのである．

くわしくはいわないが，数学という学問では，このような"概念の集合化"ということが最大限に活用されている．そのために，たとえば，いくつかの集合を合併するとどん

な集合ができるか，とか，ある集合から他のある集合のメンバーをすっかり除くとどんな集合ができるか，とかいうような，集合の一般的関係を明らかにすることは，数学一般の基礎にとってきわめて重要な意味をもつものなのである．これの初歩的な手ほどきなしには，現代の数学を理解することはほとんど不可能に近いといってもいいすぎではない．もちろん，上に述べた本来の集合論も，このような知識を基礎としてはじめてうち立てられるものであることは，容易に了解されるところであろうと思われる．かかることがらを調べる分野を"集合の代数"という．

　本書では，濃度の理論と順序の理論に，この集合の代数を加えたものを集合論とよんでいる．つまり，本書はこのような広い意味での集合論の入門書なのである．

　それゆえ，本書は，カントール創始の理論への入門書としてだけではなく，現代数学一般に対する準備書としても有効であろうと思われる．

　9.　本書は，それぞれ集合の代数，濃度の理論および順序の理論に相当する三つの大きな"編"と，"むすび"および"付録"から成り立っている．ここに，むすびは，本論で述べ残した重要な注意事項である．また付録は，集合論が他の数学の分野へ応用されるときの基礎になる"集合と論理との関係"，分野のいかんを問わずきわめて広汎な応用をもつ"ツォルン（Zorn）の補題"および"集合論の公理"の説明である．

　記述の仕方の細部はつぎのようになっている：

(a)　各編はいくつかの"章"から構成される．章は，Ⅰ，Ⅱ，… などと番号づけられる．また各章は，いくつかの"節"を含んでいる．これは§1, §2, … などと記される．

　(b)　記述は，ひとつながりの話のように，筋をおって運ばれる．その途中で出てくるだいじなことがらは"定理"の形にまとめられ，まただいじな言葉の説明は"定義"の形にまとめられる．

　(c)　ひんぱんに，小さい字で"注意"とか"例"とか"問"とかがはさまれる．この意味はつぎの通りである：本書の大筋は，だいたいにおいて大きな字のところから大きな字のところへと続いていく．その大筋について，どうしても注意しておかなくてはならないことを書いてあるのが注意であり，その大筋が具体的にどんなことを表わすかを示すのが例である．また，問は，大筋を理解したかどうかをためすための尺度として用いられる．これらを小さい字で書いたのには，大筋をひき立たせようという以外の意図はないのであって，いわんや重要でないというしるしではないのである．したがって，読者は，小さい字のところを勝手にとばしてはいけない．なお，おもな問には，巻末に略解がつけられている．略解のついている問には，その番号の右肩に"°"という目じるしがうってある．読者は，自らよく考えて，どうしてもわからないときにのみ略解を読む，というふうにされたい．

　(d)　巻末にはいくつかの補充問題が集められている．これは，本筋の理解にぜひとも必要というわけのものでは

ないが，ひまにまかせて解いてみられれば，視野をひろめるのに役立つと思われる．

　さらに，巻末に，すすんで勉強したい人のために，参考書の表をあげておいたから利用されたい．

　以上で，本書への旅行案内を終る．

第1編　集合の代数

Ⅰ. 集合の概念

本章では，まず，本書の主題であるところの集合とは，いったい，どのようなものであるかについて説明する．そしてつぎに，それに関する最も基本的ないくつかの術語を導入したいと思う．したがって本章は，いわば，本書に登場する概念のうちで最も根本的なものの紹介というわけである．

§1. 集合とは何か

簡単にいえば，**集合**とは"ものの集まり"のことである．たとえば，自然数全体の集まり，数1と数5との集まり，現在の日本の大臣全体の集まりなどは，すべて集合である．

しかしながら，ものが集まっていさえすれば，何でもそれを集合と呼ぼうというのではない．

ものの集まりが集合であるためには，その集められるものの範囲が，はっきりと定まっていなくてはならない．すなわち，はっきりと区画の定まったある範囲にあるものを一まとめに考えたとき，その全体のことを集合というのである．

たとえば，"かなり大きい自然数の全体"というようなものは，なるほどものの集まりには違いなかろうけれども，集合ということはできない．すなわち，この集まりに入るべきものの範囲が，そのままでは不明確だからである．いったい，"かなり大きい"とはどのくらいの大きさをさすのであろうか．100以上くらいであろうか．それとも1,000,000以上くらいであろうか．——したがって，このようなものは集合とはいえないのである．

　同様の理由から，細長い三角形の全体，美人の全体，偉人の全体，……などのようなものも，"細長い""美しい""偉い"……というような形容詞の適用範囲がはっきりしない間は，集合であるとはいわれない．

　それに反して，冒頭にあげた"自然数の全体"は，厳密な意味においてたしかに一つの集合であると考えることができる．なぜならば，この場合には，あるものがこの集まりの中に入っているかどうかということが，それの自然数であるかないかによって，はっきりと定まっているからである．たとえば，1や7や100はこの集まりの中にあるが，-5や$\sqrt{2}$や$\frac{2}{3}$はそうではない．また，いかなる人間もいかなる三角形もこの集まりの中にはない．つまり，集められるものの範囲が確実に限定されているわけである．

　同様にして，1と5との集まり，現在の日本の大臣の全体，素数の全体，整数の全体，実数の全体，一定の三角形に含まれる点の全体などは，すべて集合である．

　以上で，集合という言葉の意味は，ほぼ明らかであろう

と思われる.

ところで，この集合の概念からすれば違反のようではあるが，われわれは今後，一つしかものを含まないようなものをも，例外的に集合の仲間に入れて考えることにする．たとえば，自然数 1 だけから成る集合，実数 $\sqrt{2}$ だけから成る集合，……というようなものをも考えることをゆるすのである．このようなものは，ものの"集まり"ではないが，種々の事情にかんがみて，便宜上そのように約束するのである．

§2. 集合と元

われわれは，簡単のために，集合を一つの文字
$$A, B, \cdots, M, N, \cdots, X, Y, \cdots$$
などで表わす．

A を集合とするとき，a というものがその A の中に入っているならば，a は集合 A の**元**（ゲン）であるという．また，a は A に**属する**，a は A に**含まれる**，A は a を**含む**，というような言葉を使うこともある．このことを記号で
$$a \in A \text{ または } A \ni a$$
と書く．これに反して，もの a が A の元でないことは
$$a \notin A \text{ または } A \not\ni a$$
で示される．

注意 1. 数学のある種の分野では，集合のことを空間，その元のことをその空間の点ということがある．しかし，それは対象を考えやすくしようという見地からなされるのであって，別に厳密

な使い分けの仕方があるわけではない.

例1. 自然数全体の集合を N と書くことにすれば,
$$1 \in N, \quad 100 \in N; \quad N \ni 7, \quad N \ni 207;$$
$$-1 \notin N, \quad \sqrt{2} \notin N; \quad N \not\ni \sqrt[3]{6}, \quad N \not\ni \frac{2}{3}.$$

例2. 1と5とから成る集合を A と書くことにすれば
$$1 \in A, \quad 5 \in A; \quad 2 \notin A, \quad \sqrt{2} \notin A.$$

元を有限個しか含まないような集合を**有限集合**, そうでない集合を**無限集合**という. たとえば, 例2の集合は有限集合であるが, 例1の集合, すなわち自然数全体の集合は無限集合である. また, 100以下の自然数全体の集合は, 1から100までの100個の自然数以外には元を含まないから有限集合であるが, 100以下の整数の全体は, 上の100個の数の他に, 0およびマイナスの数 $-1, -2, \cdots, -n, \cdots$ をも含んでいるから無限集合である.

二つの集合 A, B は, 元をすっかり共有するとき互いに**等しい**といわれる. すなわち, A の任意の元はまた B の元でもあり, さらに B の任意の元が必ずまた A の元ともなるとき, A と B とは等しいというのである. 記号で書けば, これは, どんな x についても, $x \in A$ ならば $x \in B$ で, また $x \in B$ ならば $x \in A$ ということに他ならない.

A と B とが等しいとき, これを
$$A = B \text{ または } B = A$$
で表わす. また, $A = B$ でないことを, A と B とは**相異なる**といい
$$A \neq B \text{ または } B \neq A$$

と書く.

例3. 自然数 2, 3, 5, 7 から成る集合を A とし,10 以下の素数全体の集合を B とする.しからば $A=B$ である.なんとなれば：10 以下の素数といえば,それは 2, 3, 5, 7 の四つである.よって,A と B とは全くその元を共有する.ゆえに,$A=B$.

例4. 1 だけから成る集合を A とし,$x^2=1$ となるような実数全体の集合を B とする.しからば $A \neq B$.なんとなれば：B の元は明らかに 1 と -1 との二つである.しかるに,-1 は A の元ではない：$-1 \notin A$.ゆえに,$A \neq B$.

注意2. 例 4 からもわかるように,集合 A, B がちがうためには,必ずしも A の元と B の元とがすっかりちがっていなくてはならぬというわけではない.一方の元でありながら他方の元でないものが少なくとも一つありさえすれば,他のものは重複していても一向かまわないのである.

§3. 集合の表現

前節で定義したように,元のすっかり重複するような集合は相等しい.すなわち,元がすっかり重複していながら,なおかつちがう集合というものはありえない.したがって,集合はその元を指定することによりきっちり定まって,他の集合からはっきりと区別されるわけである.その際,どういう順序で元を指定しても,結局同じ集合が決まることはいうまでもない.

このことの結果,集合のすべての元を任意の順序に書き並べることによって,その集合を表示することができるであろう.

一般に,元 a, b, c, … から成る集合を,記号

$$\{a,\ b,\ c,\ \cdots\}$$

で表わす．たとえば，1と5とから成る集合は $\{1,\ 5\}$ または $\{5,\ 1\}$ と書かれ，1だけから成る集合は $\{1\}$ と書かれ，自然数全体の集合は $\{1,\ 2,\ 3,\ \cdots\}$ と記される．

ただし，ここで注意しなくてはならないのは，最後の例におけるような"…"の使い方である．そもそも，われわれにとって，自然数全体の集合というような無限集合の元を全部書き並べるなどということは，およそ不可能であろう．また，有限集合の場合でさえも，その元を全部並べることの事実上不可能であることが多い．かような場合に，上のような記法を採用しようとすれば，どうしても省略符号としての"…"を用いざるを得ないのが道理というものである．

しかし，この集合の記法を用いる目的というのが，他ならず，集合をはっきりと見やすく表示しようという点にあるのであるから，"…"を用いる以上は，そこに何が省略されているのかを，場合場合に応じて，はっきりわかるようにしておかなくてはならない．$\{1,\ 2,\ 3,\ \cdots\}$ と書けば誰しも自然数の集合を予想するであろうが，何もことわらないで $\{\sqrt{2},\ 0,\ 8,\ \cdots\}$ などと書いても，何のことか見当さえもつかないであろう．このようなときは，"…"が何を意味するのかを，はっきりとことわっておかなければならない．

したがって，この記法は，元を全部枚挙できる集合とか，あるいは，代表的な元をいくつか並べて，あとは"…"でたやすく推測させることができるような集合とかに，よく

適したものなのである.

そこで, つぎには, 上の記法がうまく使えないような集合にも適するような記法を紹介しよう.

多くの集合は, "これこれのようなものの全体" というふうな形で指定される. たとえば, 自然数の全体とか, 0より大きく1より小さい実数の全体とかがそれである.

ところで, このような場合, これらの文句はそれぞれ

"x は自然数である" という条件を満足するような x の全体

"x は $0<x<1$ なる実数である" という条件を満足するような x の全体

というぐあいにいいかえることができるであろう. そこで, このことを利用して, われわれは, 与えられた集合を

$$\{x \mid x \text{ は自然数}\}$$

$$\{x \mid x \text{ は } 0<x<1 \text{ なる実数}\}$$

というふうに書くことに約束する.

つまり, もの x についての一つの条件——これをかりに $C(x)$ と書く——が与えられたならば, それを満足するような x 全体の集合を

$$\{x \mid C(x)\}$$

と書くことにするわけである.

もちろん, x という文字にこだわる必要はないので, これは y でも z でも, a でも b でも, さらにまた A でも B でもかまわない. ただし, 一つの表現の中では同じ文字を使うことが必要である.

第一の記法で表示されている集合は，また第二の記法でも表示することができる：

$\{1, 5\} = \{y \mid y=1$ かもしくは $y=5\}$

$\{1, 2, 3, \cdots\}$
　　$= \{a \mid a$ は $1, 2, 3, \cdots$ のいずれかと等しい$\}$
　　$= \{b \mid b$ は自然数$\}$

注意 1． たとえば，もっぱら実数について議論している場合には，"x は $0<x<1$ なる実数である" というかわりに，単に "$0<x<1$ である" といっても誤解の起らないことが多い．したがって，そのようなときは，$\{x \mid x$ は $0<x<1$ なる実数$\}$ と書くかわりに，$\{x \mid 0<x<1\}$ と書いてもかまわないことにする．実数以外の場合でも同様である．

§4. 部分集合

A を偶数全体の集合，B を自然数全体の集合とすれば，A は B の一部分である．すなわち，A は B の中にすっかり入っている．このことをもって，A は B の部分集合であるという．

一般に，A, B を任意の集合とするとき，上のように，A が B の中にすっかり入っているならば，A は B の**部分集合**であると称する．いいかえれば，A の元がすべてまた B の元にもなっているような場合，すなわち，どんな x についても $x \in A$ ならば必ず $x \in B$ となる場合，A は B の部分集合というのである．これをまた，A は B につつまれる，あるいは，B は A をつつむということもある．A が B の部分集合であることを記号で

$$A \subseteq B \text{ または } B \supseteq A$$

と書く.

定義から明らかに, 任意の集合 B はそれ自身の部分集合である:

$$B \subseteq B.$$

集合 B の部分集合のうちで, B 自身と一致しないものを B の**真部分集合**という. A が B の真部分集合であることを

$$A \subset B \text{ または } B \supset A$$

で表わす.

例1. A を1だけからなる集合, すなわち $\{1\}$, B を $x^2=1$ なる実数 x の全体からなる集合, すなわち $\{x \mid x \text{ は } x^2=1 \text{ なる実数}\}$ ($=\{-1, 1\}$) とすれば, 明らかに $A \subset B$.

例2. これは本節冒頭にあげた例であるが, 偶数全体の集合は自然数全体の集合の真部分集合である.

例3. 有理数全体の集合 A は実数全体の集合 B の真部分集合である: まず, 有理数はすべて実数であるから $A \subseteq B$. ところで, B の元ではあるが A の元ではないもの, すなわち無理数が少なくとも一つ存在する. たとえば, $\sqrt{2}$ がそれである. ゆえに $A \neq B$. したがって, $A \subset B$ でなくてはならない. なお, $\sqrt{2}$ が有理数でないことを示すにはつぎのようにすればよい: もし $\sqrt{2}$ が有理数ならば, それは $\dfrac{q}{p}$ という形の分数である. いま, この分数はすでに約分をおこなって, 既約になっているものとしよう. $\sqrt{2}=\dfrac{q}{p}$ の両辺を平方して p^2 をかければ, $2p^2=q^2$. これは, q が偶数であることを示している. そこで $q=2q'$ とおく. しからば $2p^2=(2q')^2=4q'^2$, すなわち $p^2=2q'^2$. よって, p も偶数である. これより, p, q は公約数2を有することがわかる. しかるに, 仮定によって, p, q は1以外の公約数をもちえない. これは矛盾で

ある．よって，$\sqrt{2}$ は有理数ではない．

例 4． 平面上の円[1]は，それに含まれる点を元とする一つの集合である．いま，一点 O を中心とし，半径 1 および 2 の円 A, B をつくれば，明らかに $A \subset B$ が成立する．

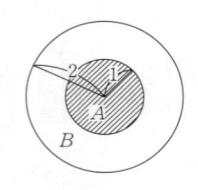

第 2 図

注意 1． 含まれるということと，つつまれるということとをはっきり区別しなくてはならない．たとえば，1 は自然数全体の集合 N に含まれる（$1 \in N$）が，N につつまれるのではない．それに反して，1 だけからなる集合 $\{1\}$ は N につつまれる（$\{1\} \subseteq N$）が，N に含まれるのではない．ついでにことわっておくが，上のことからもわかるように，あるもの a と，それのみを元とする集合 $\{a\}$ とは厳重に区別しなければならない．

定理 1． $A \subseteq B, B \subseteq A$ ならば $A = B$．

［証明］ $A \subseteq B$ より，A の元はすべて B の元である．逆にまた，$B \subseteq A$ より，B の元はすべて A の元である．ゆえに，A と B とはその元を共有する．したがって $A = B$．

この定理により，二つの集合 A, B が等しいことを証明するためには，$A \subseteq B, B \subseteq A$ の二つを示せばよいことになる．

定理 2． $A \subseteq B, B \subseteq C$ ならば $A \subseteq C$．

［証明］ $x \in A$ とする．しからば，$A \subseteq B$ より $x \in B$．そうすれば今度は，$B \subseteq C$ より $x \in C$．これは，x が A の元ならば必ずまた C の元でもあることを示している．よ

---

[1] 本書では，円とは円周とその内部とを一まとめにしたものをさすことにする．

って $A \subseteq C$.

この定理により，二つの集合 A, C の間に $A \subseteq C$ なる関係のあることを証明したい場合，それを直接証明するかわりに，適当な集合 B を見出して，$A \subseteq B$, $B \subseteq C$ の二つを示してもよいことがわかる．

問1°． $A \subset B$, $B \subseteq C$ ならば $A \subset C$ であることを示せ[2]．

問2． $A \subseteq B$, $B \subset C$ ならば $A \subset C$ であることを示せ．

II．集合の演算

本章では，与えられた集合から新しい集合をつくり出すためのいくつかの方法について述べる．ここで紹介するのは，与えられた集合から，その差をつくること，和をつくること，および共通部分をつくること，の三つの演算である．また，これらの演算によってつくり出された集合が，いったいどのような性質をもつかについても説明する．

§1．集合の差

A を偶数全体の集合とし，B を 3 の倍数全体の集合とすれば，A は B に含まれない元，たとえば 2 を含んでいる．いま，A, B を二つの集合とし，上のように，A は B に含まれない元を少なくとも一つ含んでいるとする．すなわち，A の元ではあるが B の元ではないものが少なくとも一つあると仮定するわけである．このとき，A から B の

---

2) "てびき"でも述べたが，問の番号の右肩の "°" 印は，巻末にその問の略解がついていることを示す．

元を全部引き去った残りとしてえられる集合，いいかえれば，$x \in A$ ではあるが $x \in B$ ではないような x 全体からなる集合を，A と B との**差集合**または**差**といい

$$A - B$$

と書く．前章の記号を用いれば，$A-B$ は

$$\{x \mid x \in A \text{ かつ } x \notin B\}$$

なる集合のことに他ならない．

たとえば，A が偶数全体の集合，B が 3 の倍数全体の集合であるとすれば，$A-B$ は，偶数であって 3 の倍数でないもの，すなわち 6 で割り切れない偶数全体の集合である．また，A, B がそれぞれ第 3 図のような平面上の円であれば，$A-B$ は斜線の部分から成る集合となる．ただし，点線で示した円弧の上の点はすべて B に属するから，$A-B$ には属さない．

例1． A を自然数全体の集合，B を偶数全体の集合とすれば，$A-B$ は，自然数であって偶数でないもの，すなわち奇数全体の集合である．

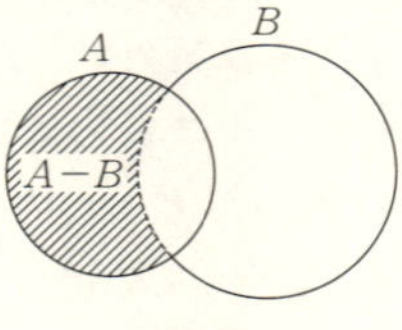

例2． $\{1, 2, 3\} - \{3, 4, 5\} = \{1, 2\}$

例3． $\{1, 2, 3\} - \{4, 5\} = \{1, 2, 3\}$

例4． A を素数全体の集合：

$$\{2, 3, 5, 7, 11, 13, \cdots\} \quad (1)$$

B を奇数全体の集合：

$$\{1, 3, 5, 7, 9, 11, \cdots\} \quad (2)$$

第 3 図

とすれば，(1), (2) を比べてもわかる通り，A は B に属さない 2 という元をたしかに含んでいる．ところで，B の元でないような A の元，すなわち偶数の素数は，2 のほかにはありえない．ゆえ

に，$A-B=\{2\}$ でなくてはならない．

注意 1． $A-B$ の元はすべて A に属する．ゆえに $A-B \subseteq A$.
問 1°． $\{1, 2, 3, 5\}-\{1, 3, 6, 7\}$ を求めよ．
問 2°． A を負でない実数全体の集合：
$$\{x \mid x \text{ は } 0 \leq x \text{ なる実数}\},$$
B を正でない実数全体の集合：
$$\{x \mid x \text{ は } 0 \geq x \text{ なる実数}\}$$
とするとき，$A-B$ および $B-A$ はそれぞれどんな集合であるか．

§2. 空集合

前節では，二つの集合 A, B の差をつくる場合，A は，B に含まれない元を少なくとも一つ含んでいると仮定した．その理由は，もし A にそのような元が一つもないならば，A から B の元を全部引き去るとき，結果として何も残らず，したがって $A-B$ という集合がつくれなくなってしまうからに他ならない．

しかしながら，差をつくる際のこのような制限は，一般的な議論をする場合きわめて不便である．もちろん，煩をいとわず，"$A-B$ がつくれる場合には"とか，"$A-B$ がつくれない場合には"とか，いちいちただし書をつけて議論していくことにすれば，原理的にそれで十分なはずではある．しかしながら，実際やってみると，これはいたずらに事情を紛糾させるのみなのである．

これは，あたかも，0 やマイナスの数を全然知らない人が，自然数の引き算を自然数の範囲内だけで一般的に処理

しようとするようなものである．その人にとっては，自然数の差はいつでもつくれるとは限らないから，差をつくれる場合とつくれない場合とをいちいち分けて議論をすすめる必要があるであろう．

ところで，実をいえば，0やマイナスの数は，まさにこの引き算に関する困難を契機として見出されたものとも言えるのである．その昔，人々は0やマイナスの数を知らず，したがって，二つの自然数の差をつくる場合には，上に記したような不便があった．ところが，そのうちに，たとえば 3−3 や 3−5 のようなものは数ではないけれども，それらを数と同じに見なせばきわめて便利である——ということが次第に知られるようになった．このようにして，0やマイナスの数がうまれ出ることになったのである．

われわれの場合にも，同様の処置の有効であることが知られている．すなわち，上のように，集合 A から集合 B の元を全部取り去ったとき何も残らないような場合にも，その結果を一つの集合——元を全然ふくまない集合——と見なすことにすると，いろいろの点でたいへん便利であることがわかっているのである．

かような，元を全然含まない集合を**空集合**といい

$$\emptyset \quad \text{または} \quad \{\ \}$$

で表わす．定義によって，いかなるもの x に対しても $x \notin \emptyset$ である．

われわれは，今後，このようなものをも集合の仲間に入れ，単に集合といえば，その中に空集合をも含めていって

いるものと解釈することにする[3]．

さて，この概念を用いれば，A, B がどのような集合であっても，A の元であって B の元でないものの全体から成る集合が存在することになる．これを，前と同じく A と B との差集合または差といい，
$$A-B$$
で表わす．

つぎの式の成立することは明らかであろう．ただし，A は任意の集合であるとする：
$$A-\emptyset=A, \quad \emptyset-A=\emptyset, \quad \emptyset-\emptyset=\emptyset.$$

ところで，A が B に含まれない元を少なくとも一つ含んでいる場合には，$A-B$ は A の一つの部分集合となるのであった（§1，注意 1）．これは，"A から B を引いた残り" として，当然そうもあるべきことである．そこで，このことがどんな A, B についても成立するようにするために，われわれは，空集合はいかなる集合に対してもその部分集合になっているものと規約することにしよう．くわしくいえば，空集合 $\emptyset$ は，空集合でない任意の集合 A の真部分集合：$\emptyset \subset A$ であり，また空集合自身の部分集合：$\emptyset \subseteq \emptyset$ であると約束するのである．さらに，空集合は空集合以外の部分集合をもたないと規約する．

しからば，$A-B$ は A, B のいかんにかかわらず
$$A-B \subseteq A$$

---

3) 空集合は有限集合の一種であると考える．

を満足することになる．いうまでもないことであるが，この式は A あるいは B が空集合であっても成立することに注意しておこう．

注意 1. I, §4 の定理 1 において，われわれは，任意の集合 A, B に対して，$A \subseteq B$, $B \subseteq A$ ならば $A = B$ となることを述べた．実は，このことは，A あるいは B が空集合であるときにも成立する．たとえば，$A = \emptyset$ ならば，仮定 $B \subseteq A$ より $B = \emptyset$．ゆえに $A = B = \emptyset$ となる．$B = \emptyset$ のときも，全く同様にして $A = B = \emptyset$ であることが示される．このことによって，任意の集合 A, B の等しいことを証明するためには，たとえ A, B が空集合になる可能性のある場合でも，$A \subseteq B$, $B \subseteq A$ の二つを証明すれば十分ということになる．さらに，I, §4 で述べた定理 2, 問 1, 問 2 などの関係も，空集合を含めた一般の集合について成り立つものであることがたやすく知られる．

問 3°． I, §4 の定理 2, 問 1, 問 2 は，空集合を含めた一般の集合について成り立つことを確かめよ．

問 4°． $A \supseteq A'$ ならば，$A - B \supseteq A' - B$ であることを示せ．

問 5． $B \supseteq B'$ ならば，$A - B \subseteq A - B'$ であることを示せ．

問 6°． $A - B = \emptyset$ であるための必要かつ十分な条件は $A \subseteq B$ なることである．

§3. 補集合

B が A の部分集合である場合，A と B との差 $A - B$ のことを，B の A に関する**補集合**と称する．

この場合，もし A に元があれば，それはいずれも，おのおの B に属するか $A - B$ に属するかのいずれかで，かつ両方に同時に属しえないことは明らかである．すなわち，

つぎの関係が成立する：

(1) $x \in A$ ならば，$x \in B$ または $x \in A - B$

(2) $x \in B$ ならば $x \notin A - B$

(3) $x \in A - B$ ならば $x \notin B$.

また，A に関する空集合 $\emptyset$ の補集合は A であり，A に関する A 自身の補集合は $\emptyset$ である．

定理1. $A \supseteq B$ ならば，$A - (A - B) = B$.

［証明］ $A - B = C$ とおく．$A - C = B$ を示せばよい．まず，$A - C \subseteq B$ なることを証明する．$A - C = \emptyset$ ならば，明らかに $A - C \subseteq B$ であるから，$A - C \neq \emptyset$ なる場合を考える．いま，x を $A - C$ の元としよう．しからば，$x \in A$ かつ $x \notin C$，すなわち $x \in A$ かつ $x \notin A - B$．よって $x \in B$（(1)による）．ゆえに，$A - C$ の元はつねに B の元であることがわかったから，$A - C \subseteq B$.

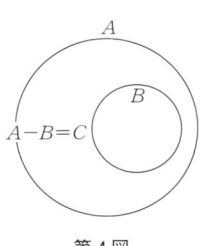

つぎに $B \subseteq A - C$ を証明する．$B = \emptyset$ ならば明らかに $B \subseteq A - C$ であるから，$B \neq \emptyset$ とする．いま，$x \in B$ としよう．しからば $x \in A$ かつ $x \notin A - B$，すなわち $x \in A$ かつ $x \notin C$．ゆえに $x \in A - C$．したがって，B の元はすべて $A - C$ の元でもあることがわかったから，$B \subseteq A - C$.

これより，前節の注意1を参照して $A - C = B$ をうる．

例1. A を実数全体の集合，B を有理数全体の集合とすれば，B の A に関する補集合 $A - B$ は無理数全体の集合である．ここ

で，A から $A-B$ の元，すなわち無理数を全部引き去れば，有理数の全体，すなわち B が残るであろう．ゆえに，たしかに $A-(A-B)=B$ である．

注意1． この定理は，図からはほとんど明らかな事実を主張する．しかしそれだからといって，証明がいらないというわけではない．われわれの目はきわめてあやまりやすいものである．したがって，図には理解を助けるための手段以上の役割を与えてはいけない．

注意2． $A-(A-B)=B$ ならば，もちろん $A \supseteq B$ が成立する．したがって，$A-(A-B)=B$ は，B が A の部分集合であるための必要十分条件であることがわかる．

注意3． 上の定理の証明からもわかるように，ある集合 X がある集合 Y につつまれることを証明する際，もし X が空集合であるかないかわかっていなければ，原理的には，$X=\emptyset$ の場合と $X \neq \emptyset$ の場合とをともに考察しなければならないであろう．しかしながら，上の証明でもそうであったが，一般に，$X=\emptyset$ の場合は"空集合はすべての集合の部分集合である"という規約によって当然 $X \subseteq Y$ であり，したがって，あらためて証明すべきことは別に何もないのである．

よって，今後，$X \subseteq Y$ なる形の式を証明しようとする際，$X=\emptyset$，$X \neq \emptyset$ の二つに場合を分ける段階を省略して，ことわりなく $X \neq \emptyset$ の場合だけを取り扱ってもかまわないことにする．

数学のいろいろの分野では，一つの基礎になる集合を固定して，その中味をもっぱら考察することが多い．たとえば，自然数論では自然数全体の集合を，微分積分学では実数全体の集合を，また平面幾何学では平面上の点全体の集合を，それぞれ固定する．

このような場合，その考察の途中にあらわれる集合は，

当然，はじめに固定された基礎の集合——これをいま簡単のために M とおく——の部分集合になっていることが多いわけである．それで，通常，もし誤解をうむおそれがないならば，集合 A の M に関する補集合を，単に A の補集合といい，これを

$$A^c$$

でもって表わす習慣である．

本節のはじめに述べたことがらをこの記号で表わせば，それぞれつぎのようになる．ただし，A は M の任意の部分集合とする：

(a) $x \in M$ ならば，$x \in A$ または $x \in A^c$
(b) $x \in A$ ならば $x \notin A^c$
(c) $x \in A^c$ ならば $x \notin A$
(d) $\emptyset^c = M$, $M^c = \emptyset$
(e) $(A^c)^c = A$.

注意 4. $(A^c)^c$ を簡単に A^{cc} と書くこともある．

例 2. 実数について議論している場合，有理数全体の集合を A とすれば，A の補集合 A^c は無理数全体の集合である．

§4. 和集合

A, B を集合とするとき，A の元と B の元とを全部寄せ集めてできる集合を，A と B との**和集合**，または単に**和**と称する．くわしくいえば，A, B のうちの少なくとも一方の元であるようなものの全体から成る集合を，A と B との和集合というのである．

A と B との和集合は，普通
$$A \cup B$$
と記される[4]．明らかに
$A \cup B = \{x \mid x \in A \text{ かまたは } x \in B\}$

例1． $\{1, 2, 3\} \cup \{2, 4, 6\}$
$= \{1, 2, 3, 4, 6\}$

例2． 偶数全体の集合と奇数全体の集合との和集合は，自然数全体の集合である[5]．

注意1． 例1からもわかるように，集合 A, B の和集合をつくる際，A, B は，いくつかの元を共有していてもかまわない．極端な場合，$A = B$ でもよいのである．

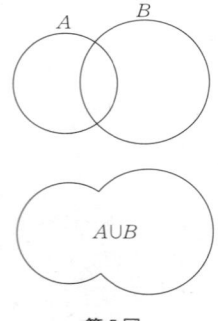

第5図

定理2． つぎの公式が成立する：

(1) $A \subseteq A \cup B$, $B \subseteq A \cup B$

(2) $A \subseteq C$, $B \subseteq C$ ならば $A \cup B \subseteq C$

(3) $B \subseteq A$ ならば $A \cup B = A$

(4) $A \cup B = A$ ならば $B \subseteq A$．

[証明] (1) $A \cup B$ は A の元と B の元とを寄せ集めたものである．よって，$x \in A$ ならば $x \in A \cup B$．したがって $A \subseteq A \cup B$．$B \subseteq A \cup B$ も同様である．

(2) $x \in A \cup B$ とすれば，$x \in A$ もしくは $x \in B$．しかるに，仮定によって $A \subseteq C$, $B \subseteq C$ であるから，いずれにしても $x \in C$．ゆえに $A \cup B \subseteq C$．

---

[4] これは "A cup B" あるいは "A join B" と読む．
[5] 本書では0や負の整数の奇偶は問わない．

(3) (1)によってつねに $A \cup B \supseteq A$ が成立するから, $A \cup B \subseteq A$ なることをいえばよい. しかるに $A \subseteq A$, $B \subseteq A$ であるから, (2)によって $A \cup B \subseteq A$.

(4) $A \cup B = A$ だから, 当然 $A \cup B \subseteq A$. 一方, (1)によって $B \subseteq A \cup B$. ゆえに, I, §4の定理2によって $B \subseteq A$.

(1)は, $A \cup B$ が A と B とをともにつつむことを示し, (2)は, A と B とをともにつつむ集合がまた $A \cup B$ をもつつむことを示している. したがって, $A \cup B$ は A と B とをともにつつむ集合の中で最小のものであることがわかる.

(3), (4)は, $B \subseteq A$ であるための必要十分条件が $A \cup B = A$ であることを示している.

定理3. つぎの関係が成立する:

(1) $A \cup B = B \cup A$
(2) $(A \cup B) \cup C = A \cup (B \cup C)$.

[証明] (1) $A \cup B$ も $B \cup A$ もともに A の元と B の元とを寄せ集めたものである. ゆえに $A \cup B = B \cup A$.

(2) $(A \cup B) \cup C$ は $A \cup B$ の元と C の元とを寄せ集めたものである. しかるに, $A \cup B$ は A の元と B の元とを寄せ集めてできている. ゆえに, $(A \cup B) \cup C$ は A, B, C の元を全部寄せ集めたものにほかならない. 一方, 同様の理由から, $A \cup (B \cup C)$ も A, B, C の元を全部寄せ集めたものである. ゆえに $(A \cup B) \cup C = A \cup (B \cup C)$.

(1)を ∪ の交換法則, (2)を ∪ の結合法則という.

(1)は, 集合の和をつくる際, 項の順序を任意に変えても

よいことを示している．また(2)は，集合の和はどこへ括弧をつけても答が変わらないことを保証する．よって，$(A\cup B)\cup C$ や $A\cup(B\cup C)$ のかわりに $A\cup B\cup C$ と書いても故障のないことがわかる．同様の理由から

$$A\cup B\cup C\cup D, \quad A\cup B\cup C\cup D\cup E, \quad \cdots$$

などのような記法を使うことがゆるされる．$A_1\cup A_2\cup\cdots\cup A_n$ を A_1, A_2, $\cdots$, A_n の和集合という．これは簡単に $\bigcup_{i=1}^{n}A_i$ と書かれることが多い．

定理3の(2)の証明によれば，$A\cup B\cup C$ は A, B, C の元を全部寄せ集めてできる集合にほかならない．同様にして，$\bigcup_{i=1}^{n}A_i = A_1\cup A_2\cup\cdots\cup A_n$ は A_1, A_2, $\cdots$, A_n の元を寄せ集めたものに等しいことが示される．これを一般化して，集合の列 A_1, A_2, $\cdots$, A_n, $\cdots$ が与えられた場合，それらの元を全部寄せ集めてできる集合を A_1, A_2, $\cdots$, A_n, $\cdots$ の和集合といい，$A_1\cup A_2\cup\cdots\cup A_n\cup\cdots$ または $\bigcup_{i=1}^{\infty}A_i$ と書く．

問7．$A\cup A=A$ なることを確かめよ．
問8．$A\cup\emptyset=A$ なることを確かめよ．
問9°．$A\cup B=(A-B)\cup B$ なることを示せ．
問10°．$(A-B)\cup B=A$ なるための必要十分条件は $A\supseteq B$ であることを証明せよ．

§5. 共通部分

二つの集合 A, B に共通な元の全体から成る集合を，A と B との**共通部分**といい，

$$A \cap B$$

と書く[6]．明らかに

$$A \cap B = \{x \mid x \in A \text{ かつ } x \in B\}$$

である．

もちろん，A と B とに共通な元が一つもないならば

$$A \cap B = \emptyset.$$

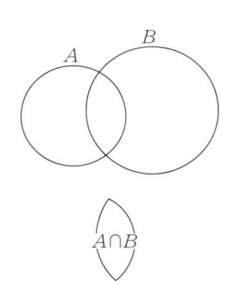

かような場合，A と B とは**互いに素**であるという．

第6図

例1． A を偶数全体の集合，B を素数全体の集合とすれば，A と B との共通部分：$A \cap B$ は，偶数である素数の全体，すなわち集合 $\{2\}$ にほかならない．

例2． A を偶数全体の集合，B を奇数全体の集合とすれば，$A \cap B = \emptyset$．すなわち，この場合，A と B とは互いに素な集合である．

例3． $\{1, 2, 3\} \cap \{2, 4, 6\} = \{2\}$．

注意1． 互いに素な集合 A, B の和集合を A と B との**直和**といい，$A + B$ と書くことがある．

定理.4． つぎの公式が成立する：

(1) $A \cap B \subseteq A$, $A \cap B \subseteq B$

(2) $C \subseteq A$, $C \subseteq B$ ならば $C \subseteq A \cap B$

(3) $B \subseteq A$ ならば $A \cap B = B$

(4) $A \cap B = B$ ならば $B \subseteq A$．

［証明］ (1) $A \cap B$ は，A と B とに共通な元の全体から成っている．ゆえに，$x \in A \cap B$ ならば $x \in A$．よって

---

6) $A \cap B$ は "A cap B" または "A meet B" と読む．

$A \cap B \subseteq A$. $A \cap B \subseteq B$ も同様である.

(2) $x \in C$ ならば, $C \subseteq A$, $C \subseteq B$ より, $x \in A$ かつ $x \in B$. ゆえに $x \in A \cap B$. よって $C \subseteq A \cap B$.

(3) (1)によって, つねに $A \cap B \subseteq B$ であるから, $B \subseteq A \cap B$ なることをいえばよい. しかるに, $B \subseteq A$, $B \subseteq B$ であるから, (2)によって $B \subseteq A \cap B$.

(4) $x \in B$ ならば, $B = A \cap B$ なる仮定によって $x \in A \cap B$. しかるに, (1)によって $A \cap B \subseteq A$ だから $x \in A$. ゆえに $B \subseteq A$.

(1), (2)は, $A \cap B$ が A, B につつまれる集合の中で最も大きいものであることを主張する. また, (3), (4)は, $A \cap B = B$ であるための必要十分な条件が $B \subseteq A$ であることを示している.

定理5. つぎの関係が成立する:

(1) $A \cap B = B \cap A$

(2) $(A \cap B) \cap C = A \cap (B \cap C)$.

この証明は, 本節末の問に加えてあるから, 読者自ら試みられたい.

(1)を ∩ の交換法則, (2)を ∩ の結合法則という.

(2)によれば, 和集合の場合におけると同様に, 集合の共通部分は括弧をどこへつけてもその答に変わりがない. ゆえに

$A \cap B \cap C$, $A \cap B \cap C \cap D$, $A \cap B \cap C \cap D \cap E$, …

などという記法がゆるされる. $A_1 \cap A_2 \cap \cdots \cap A_n$ を A_1, A_2, …, A_n の共通部分という. たやすく知られるように,

これは $A_1, A_2, \cdots, A_n$ のすべてに共通な元の全体から成る集合である. $A_1 \cap A_2 \cap \cdots \cap A_n$ を $\bigcap_{i=1}^{n} A_i$ と書くことも多い.

一般に, 集合の列 $A_1, A_2, \cdots, A_n, \cdots$ が与えられた場合, それらのすべてに共通な元の全体から成る集合を, $A_1, A_2, \cdots, A_n, \cdots$ の共通部分といい, $A_1 \cap A_2 \cap \cdots \cap A_n \cap \cdots$ または $\bigcap_{i=1}^{\infty} A_i$ と書く.

問 11°. 定理 5 を証明せよ.
問 12. $A \cap A = A$ であることを示せ.
問 13. $A \cap \emptyset = \emptyset$ であることを示せ.
問 14. B と $A-B$ とは互いに素であることを示せ.
問 15°. $A-B=A$ なるための必要十分な条件は, A と B とが互いに素なることである.

§6. 集合演算の間の関係

われわれは, これまでに, 与えられた集合から新しい集合をつくり出すための演算を三つ導入した. すなわち, "$-$", "$\cup$" および "$\cap$" である.

本節では, これらの演算の間に成立するいくつかの関係について説明しようと思う.

定理 6. A, B, C を任意の集合とすれば, つぎの関係が成立する:

(1) $A \cup (B \cap C) = (A \cup B) \cap (A \cup C)$

(2) $A \cap (B \cup C) = (A \cap B) \cup (A \cap C)$.

［証明］ (1) まず, $A \cup (B \cap C) \subseteq (A \cup B) \cap (A \cup C)$

であることを示す．$x \in A \cup (B \cap C)$ とする．しからば，$x \in A$ または $x \in B \cap C$．もし $x \in A$ ならば，$A \subseteq A \cup B$, $A \subseteq A \cup C$ だから，$x \in A \cup B$ かつ $x \in A \cup C$．ゆえに $x \in (A \cup B) \cap (A \cup C)$．一方，$x \in B \cap C$ ならば，$x \in B$ かつ $x \in C$．ゆえに $x \in A \cup B$ かつ $x \in A \cup C$．したがって $x \in (A \cup B) \cap (A \cup C)$．これより，$x \in A \cup (B \cap C)$ ならばいずれにしても $x \in (A \cup B) \cap (A \cup C)$ であることがわかる．ゆえに $A \cup (B \cap C) \subseteq (A \cup B) \cap (A \cup C)$．つぎに，$A \cup (B \cap C) \supseteq (A \cup B) \cap (A \cup C)$ を示す．$x \in (A \cup B) \cap (A \cup C)$ とする．しからば $x \in A \cup B$ かつ $x \in A \cup C$．ゆえに，$x \in A$ かさもなければ $x \in B$ かつ $x \in C$．よって，$x \in A$ あるいは $x \in B \cap C$．ゆえに $x \in A \cup (B \cap C)$．これすなわち，$A \cup (B \cap C) \supseteq (A \cup B) \cap (A \cup C)$ ということにほかならない．したがって

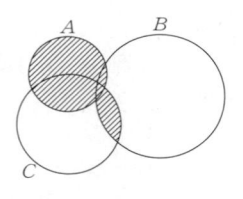

$$A \cup (B \cap C) = (A \cup B) \cap (A \cup C).$$

(2)の証明は本節末の問とするから，読者自ら試みられたい．

(1)を ∪ の ∩ に関する分配法則，(2)を ∩ の ∪ に関する分配法則という．

例1． $A = \{1, 2, 3\}$, $B = \{3, 4, 5\}$, $C = \{1, 3, 5\}$ とすれば
$A \cup (B \cap C) = \{1, 2, 3\} \cup (\{3, 4, 5\} \cap \{1, 3, 5\}) = \{1, 2, 3, 5\}$
$(A \cup B) \cap (A \cup C) = (\{1, 2, 3\} \cup \{3, 4, 5\}) \cap (\{1, 2, 3\} \cup \{1, 3, 5\})$

$= \{1, 2, 3, 5\}$.

よって,たしかに $A \cup (B \cap C) = (A \cup B) \cap (A \cup C)$. 同様にして
$$A \cap (B \cup C) = \{1, 3\} = (A \cap B) \cup (A \cap C)$$
であることもわかる.

定理7. 任意の集合 A, B, C に対して,つぎの公式が成立する:

(1) $A - (B \cup C) = (A - B) \cap (A - C)$

(2) $A - (B \cap C) = (A - B) \cup (A - C)$.

[証明] (1) $x \in A - (B \cup C)$ ならば, $x \in A$ でかつ $x \notin B \cup C$. よって, $x \notin B$, $x \notin C$, すなわち $x \in A - B$ かつ $x \in A - C$. これより $x \in (A - B) \cap (A - C)$. ゆえに, $A - (B \cup C) \subseteq (A - B) \cap (A - C)$ なることがわかる. つぎに $x \in (A - B) \cap (A - C)$ とする. しからば, $x \in A - B$ かつ $x \in A - C$. ゆえに, $x \in A$ かつ $x \notin B$, $x \notin C$, すなわち $x \in A$ かつ $x \notin B \cup C$. したがって $x \in A - (B \cup C)$. これより $(A - B) \cap (A - C) \subseteq A - (B \cup C)$. ゆえに $A - (B \cup C) = (A - B) \cap (A - C)$ である.

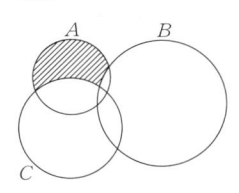

第8図

(2)の証明は問とするから,読者自ら試みられたい.

(1), (2)をあわせてド・モルガン (de Morgan) の法則という.

例2. 例1の A, B, C に対してはつぎのようになる:

$$\begin{cases} A-(B\cup C)=\{1,2,3\}-\{1,3,4,5\}=\{2\} \\ (A-B)\cap(A-C)=\{1,2\}\cap\{2\}=\{2\} \end{cases}$$
$$\begin{cases} A-(B\cap C)=\{1,2,3\}-\{3,5\}=\{1,2\} \\ (A-B)\cup(A-C)=\{1,2\}\cup\{2\}=\{1,2\}. \end{cases}$$

ゆえに，たしかに定理は成立する．

問16°． $A\cap(A\cup B)=A$ なることを証明せよ．

問17． 定理6の(2)を証明せよ．

注意1． ある考察において，一つの集合 M が基礎に取られているとする．このような場合，誤解がなければ，M の任意の部分集合 A に対して，$M-A$ は A^c と書かれるのであった．いま，A,B をこの M の任意の部分集合とし，M, A, B を定理7の A, B, C と見なせば，ただちにつぎの式がえられる：

$$(A\cup B)^c=A^c\cap B^c,\quad (A\cap B)^c=A^c\cup B^c.$$

これをもド・モルガンの法則という．

さて，これを用いれば，たとえば，M の任意の部分集合 A,B に対して $A\cap(A\cup B)=A$（問16を参照）の成立することから，やはり M の任意の部分集合 A,B に対して $A\cup(A\cap B)=A$ の成立することを証明することができる：

$$A\cup(A\cap B)=(A\cup(A\cap B))^{cc}=(A^c\cap(A\cap B)^c)^c$$
$$=(A^c\cap(A^c\cup B^c))^c=A^{cc}=A.$$

このように，M の任意の部分集合についてある公式が成り立てば，その中にあらわれる $\cup$，$\cap$ をすべてそれぞれ $\cap$，$\cup$ でおきかえたものがまた成立する．これを集合演算の**双対性**という．

問18°． 定理6の A, B, C が，ある一つの基礎の集合 M につつまれている場合，注意1のド・モルガンの法則を用いて，実際に(1)から(2)を，また(2)から(1)を導いてみよ．

問19． 定理7の(2)を証明せよ．

§7. 集合族

いうまでもないことであろうが,いくつかの集合を集めて,それらを元とするような集合を構成することができる.すなわち,その元がすべてまたそれぞれ一つの集合であるような——そういう集合を考えることができる.たとえば,集合 {1, 2} と集合 {2, 4} とから成る集合 {{1, 2}, {2, 4}} とか,空集合 ∅ だけから成る集合 {∅} とか,一つの集合の部分集合の全体から成る集合とかがそれである.

注意 1. 空集合 ∅ と,空集合 ∅ のみを元とする集合 {∅} とは,集合として全く違ったものである.なぜならば,∅ は定義によって元を一つももたないが,集合 {∅} は ∅ なる元をもっているからである.

一般に,その元がすべて集合であるような集合を**集合族**という.集合族は集合の一種であるから,もちろん,これまでのように $A, B, \cdots$ などと書いてよい.しかし,それが集合族であることを強調したい場合には,

$$\mathfrak{A}, \mathfrak{B}, \mathfrak{C}, \cdots ; \mathfrak{X}, \mathfrak{Y}, \mathfrak{Z}, \cdots$$

などのようなドイツ大文字で記されることもある.

集合族の中で最もよく用いられるのは,上にもあげた,一つの集合 A の部分集合の全体から成る集合族である.これを A の**巾集合**[7] という.

例 1. {1, 2} の巾集合の元は,∅, {1}, {2}, {1, 2} なる四つの集合である.

例 2. {1, 2, 3} の巾集合は,∅, {1}, {2}, {3}, {1, 2}, {2, 3},

---

7) 巾はベキとよむ.

{1, 3}, {1, 2, 3} なる八つの元から成り立っている．

一般に，n 個の元をもつ有限集合 A の巾集合は，全部で 2^n 個の元をもつことが示される（例 1，例 2 においては，たしかにそうなっていることに注意する）：

いま，$A = \{a_1, a_2, \cdots, a_n\}$ としよう．しからば，A の任意の部分集合は，a_1 を含むか含まないかによって，二つの組に分かたれる．その各組の部分集合は，a_2 を含むか含まないかによって，またそれぞれ二つの組に分かたれる．ゆえに，結局 $4 = 2^2$ 個の組ができ上がる．同様にして，これらの各組の部分集合は，a_3 を含むか含まないかによって，また二組に分けられる．かくしてすすめば，結局，A の部分集合は全部で 2^n 個の組に分かたれることになる．

しかるに，かくしてえられる各組の部分集合は，$a_1, a_2, \cdots, a_n$ のうちのどれを含み，どれを含まないかをきっちり指定されるから，つまるところ，各組はちょうど一つずつしか部分集合を含むことができないであろう．ゆえに，A の巾集合は 2^n 個の元を有することがわかる．

一般に，（必ずしも有限であるとはかぎらない）集合 A の巾集合のことを

$$2^A$$

と書く．この記号は，上のような事実を考慮するとき，きわめて自然なものであることが了解されるであろう．

III. 関数と直積

　数学では，集合の概念と共に，関数の概念がまたきわめて重要な役割を演ずる．本章では，この関数の概念について述べようと思う．

　われわれは，まず，関数とはいかなるものであるかについて説明する．しかして，つぎに，集合の直積というものを定義し，それに基づいて関数のグラフの概念を明確にする．実は，このグラフの考えによって，集合と関数とは密接にからみ合うのである．

　これまでわれわれは，集合のこまかい性質，たとえば集合のいろいろの種類といったものにはあまり言及せず，もっぱら集合一般の性質について述べてきた．次章から，そのようなこまかい考察に取りかかるのであるが，本章は，そのための足がかりといった意味をもっている．つまり，関数の概念は，集合と集合とを比べて，相互の違いを見出す重要な手段を提供するものなのである．

§1. 関数とは何か

　われわれは，たとえば実数について議論している場合，文字を含んだいろいろの式を取り扱う．

$$x+2,\ y^2+1,\ \frac{z-1}{z+1},\ \sqrt{x^2-1}$$

などはその例である．以下に，このような式の意味を少し見なおしてみよう．

　いま，$x+2$ や y^2+1 のような式の文字 x, y のところへ

任意の実数を代入すれば，計算の結果一つの実数を答として出してくることができるであろう．たとえば，$x+2$ の x のところへ 0 を代入すれば答は $0+2=2$ であり，-1 を代入すれば $(-1)+2=1$ であり，また 1 を代入すれば $1+2=3$ である．同様に，y^2+1 の y のところへ 1 を代入すれば答は $1^2+1=2$ であり，-2 を代入すれば $(-2)^2+1=5$ であり，5 を代入すれば $5^2+1=26$ となる．

したがって，これらの式は，任意の実数に対してそれに応ずるある実数を探し出すための一つの規則を与えるものと見ることができる．つまり，$x+2$ なる式は "実数 x に $x+2$ なる実数を対応させる" という一つの規則を，また y^2+1 なる式は "実数 y に y^2+1 なる実数を対応させる" という一つの規則を与えるものと解釈することができるのである．

ところで，$\dfrac{z-1}{z+1}$ や $\sqrt{x^2-1}$ などのような式の場合には，事情が少々異なっている．なぜならば，これらの式において，文字のところへある実数を代入したとき，計算によって実数の答を出してくることができるためには，その代入される実数がかってなものでよいというわけではないからである．たとえば，$\dfrac{z-1}{z+1}$ の z のところへ -1 を代入しても，分母が 0 となるから答を出すことができない．また，$\sqrt{x^2-1}$ の x に代入して実数の答を出すことができるためには，その数は x^2-1 が負にならないような数，すなわち $-1 \geqq x$ か $x \geqq 1$ となるようなものでなくてはならない．

しかし，ともかくも，$\dfrac{z-1}{z+1}$ なる式においては，z に -1

以外の数，いい換えれば $\{z \mid z \neq -1\}$ の元を代入するかぎり，いつでも答を出してくることができる．同様にして $\sqrt{x^2-1}$ なる式においては，x に $\{x \mid -1 \geqq x$ あるいは $x \geqq 1\}$ なる集合の元を代入すれば必ず実数の答がえられるであろう．

したがって，$\dfrac{z-1}{z+1}$ なる式は，$\{z \mid z \neq -1\}$ の任意の元 z にそれぞれ一つの実数 $\dfrac{z-1}{z+1}$ を対応させる，という規則を与え，また $\sqrt{x^2-1}$ なる式は，$\{x \mid -1 \geqq x$ あるいは $x \geqq 1\}$ の任意の元 x にそれぞれ一つの実数 $\sqrt{x^2-1}$ を対応させる，という規則を与えるものとみることができる．一般に，A, B を二つの集合とするとき，A の任意の元に B の元を一つずつ対応させるある規則が与えられた場合，その規則そのもののことを，A から B への**関数**，または**写像**という．

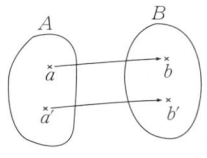

第9図

たとえば，実数全体の集合を R と書くとき，式 $x+2$，y^2+1 はそれぞれ R から R への関数を与えるものと見なすことができる．同様に，式 $\dfrac{z-1}{z+1}$ は $\{z \mid z \neq -1\}$ から R への関数を与え，また式 $\sqrt{x^2-1}$ は $\{x \mid -1 \geqq x$ かあるいは $x \geqq 1\}$ から R への関数を与えるものと考えることができる．

注意 1． 式 y^2+1 によって与えられるところの R から R への関数を考える．これによれば，1 に対応する実数も -1 に対応する実数も，ともに 2 に等しい．つまり，一般に，A から B への関

数が与えられた場合，A の違った元に対応する B の元が，また必ず違っていなければならぬというわけではないのである．

例1． $A=\{1, 2\}$, $B=\{3, 4, 5\}$ とおく．いま，1 には 3 を，2 には 4 を対応させることに約束しよう．しからば，これで A から B への一つの関数が与えられたことになる．つまり，A の任意の元に B の元を一つずつ対応させる規則が与えられたからである．また，1 にも 2 にも 4 を対応させることにすれば，同様にして A から B への関数がえられることになる．

例2． 自然数全体の集合を N とおく．任意の自然数 n に $n!$ ($=1\times 2\times\cdots\times n$) を対応させることにすれば，これで N から N への一つの関数が与えられる．

例3． 各自然数にそれ自身を対応させることにすれば，これも N から N への関数である．この関数によれば，1 には 1 が，2 には 2 が，3 には 3 が，……それぞれ対応する．

§2. 関数をめぐる諸概念

関数は一般に

$$f, g, \cdots ; a, b, \cdots ; F, G, \cdots$$
$$\varphi, \psi, \cdots ; \alpha, \beta, \cdots ; \Phi, \Psi, \cdots$$

などのような一つの文字で表わされる．

集合 A から集合 B への関数 f に対して，A をその**始域**[8]，B をその**終域**という．たとえば，前節冒頭にあげた，式 $x+2$ によって与えられる関数の始域および終域はともに R である．また，前節例1における二つの関数の始域はともに $\{1, 2\}$，終域はともに $\{3, 4, 5\}$ である．

---

8) これを**定義域**ということもある．

集合 A から集合 B への一つの関数を f とすれば，これは定義によって，A の任意の元に B の元を一つずつ対応させる規則である．いま，この関数 f によって，A の元 a に B の元 b が対応するものとしよう．このとき，b を f による a の**像**といい，$f(a)$ または f_a で表わす．すなわち

$$b = f(a) = f_a.$$

また，このとき，a を f による b の**原像**ということもある．

例1． y^2+1 なる式によって与えられる R から R への関数を g とすれば，R の任意の元 a の g による像は a^2+1 に等しい：$g(a)=g_a=a^2+1$．たとえば，1 や -1 の像は $1^2+1=(-1)^2+1=2$ であり，2 の像は $2^2+1=5$ である：

$$g(1) = g_1 = 2, \quad g(-1) = g_{-1} = 2, \quad g(2) = g_2 = 5.$$

例2． $A=\{1, 2\}$, $B=\{3, 4, 5\}$ とし，前節例1において述べた二つの関数をそれぞれ φ, ψ とする．しからば

$$\varphi(1) = 3, \ \varphi(2) = 4 ; \psi(1) = 4, \ \psi(2) = 4.$$

したがって，B の元 3 の φ による原像は 1 であるが，その ψ による原像はない．また B の元 4 の φ による原像は 2 であり，ψ による原像は 1 と 2 との二つである．これに反して，B の元 5 には，φ による原像も ψ による原像もない．つまりこのように，関数の終域の元の原像は，ないこともあり，一つあることもあり，たくさんあることもあるのである．

例3． 周知のごとく，数学ではつぎのような述べ方をすることが多い：

(1) 実数 a_1, a_2, a_3 を考える，

(2) n 個の自然数 b_1, b_2, $\cdots$, b_n を選ぶ，

(3) 実数の列 a_1, a_2, $\cdots$, a_n, $\cdots$ をとる．

この場合，とくに"相異なる"というような形容辞がないならば，これらのような述べ方によって考えられる対象は，重複して

いてもよいわけである．

ところで，一般に一つの関数 f による x の像を f_x と書いてもよいことに留意すれば，上のような述べ方はそれぞれつぎのように解釈することができる：

(1) 集合 $\{1, 2, 3\}$ から実数全体の集合へのある関数 a をとり，それによる 1, 2, 3 の像 a_1, a_2, a_3 を考える．
(2) 集合 $\{1, 2, \cdots, n\}$ から自然数全体の集合へのある関数 b をとり，それによる 1, 2, $\cdots$, n の像 $b_1, b_2, \cdots, b_n$ を考える．
(3) 集合 $\{1, 2, 3, \cdots, n, \cdots\}$ から実数全体の集合への α なる関数をとり，それによる 1, 2, 3, $\cdots$, n, $\cdots$ の像 $\alpha_1, \alpha_2, \alpha_3, \cdots, \alpha_n, \cdots$ を考える．

つまり，ものに標識をつけて並べるということは，標識全体の集合を始域とする一つの関数を与えることと同じなのである．

A から B への二つの関数 f, g は，それらによる A のどの元の像も互いに等しいとき，すなわち，A のどの元 a に対しても $f(a) = g(a)$ となるとき，互いに**等しい**といわれ，
$$f = g \text{ または } g = f$$
と記される．$f = g$ でないことを，f と g とは**相異なる**といい
$$f \neq g \text{ または } g \neq f$$
と書く．

例 4. $A = \{1, 2, 3, 4, 5, 6\}$, $B = \{1, 2\}$ とする．いま，A から B への関数として，1, 3, 5 には 1 を，また 2, 4, 6 には 2 を対応させるようなものを考え，これを f とおく．一方，A の元のうちの奇数には 1 を，また偶数には 2 を対応させる関数を g とする．しからば $f = g$. なぜならば：A の元のうちで奇数のものは 1, 3, 5 の三つであり，偶数のものは 2, 4, 6 の三つである．ゆえに，定義

によって
$$g(1)=g(3)=g(5)=1, \quad g(2)=g(4)=g(6)=2.$$
しかるに，これらの数の f による像もこれと全く同じである．したがって $f=g$．

例 5． 例 2 の二つの関数 φ, ψ は相異なる．なぜならば $\varphi(1) \neq \psi(1)$ だからである．

注意 1． 関数が等しいためには，何よりもまず，その始域と終域の等しいことが必要である．たとえば，$\{1, 2\}$ から $\{3, 4, 5\}$ への
$$\varphi(1)=3, \quad \varphi(2)=4$$
なる関数 φ と，$\{1, 2\}$ から $\{3, 4\}$ への
$$\xi(1)=3, \quad \xi(2)=4$$
なる関数 ξ とを考えれば，これらの始域はともに $\{1, 2\}$ であり，しかも始域の元の像はすべて一致してはいるが，終域として考えている集合が違うから，関数としては相異なるものなのである．

問 1°． $\{1, 2\}$ から $\{3, 4, 5\}$ の関数を可能なかぎりつくってみよ．

問 2． $\{1, 2, 3\}$ から $\{1, 2, 3\}$ への関数を全部つくれ．

§3. 合成関数

A, B, C を三つの集合とし，f を A から B への関数，g を B から C への関数とする．このとき，A の任意の元 a は，f によって B の元 $f(a)$ に対応させられる．また，B の任意の元 b は，g によって C の元 $g(b)$ に対応させられる．

いま，A の任意の元 a に対して，その f による像 $f(a)$ の g による像 $g(f(a))$ をとり，a にこの $g(f(a))$ を対応さ

せる，という規則を考えよう．

しからば明らかに，これで A から C への一つの関数が得られたことになる．これを g と f との**合成**または**合成関数**といい

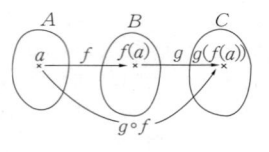

$$g \circ f$$

で表わす[9]．定義によって，A の任意の元 a の $g \circ f$ による像は $g(f(a))$ に等しい：

$$(g \circ f)(a) = g(f(a)).$$

例1． 実数全体の集合を R とおく．また，式 $x+2$, y^2+1 によって与えられる R から R への関数をそれぞれ f, g とする．しからば，R の任意の元 a の f による像 $f(a)$ は $a+2$ に等しく，それの g による像 $g(f(a))$ は $f(a)^2+1=(a+2)^2+1$ に等しい．ゆえに

$$(g \circ f)(a) = (a+2)^2 + 1 = a^2 + 4a + 5.$$

したがって，$g \circ f$ は式 z^2+4z+5 によって与えられる R から R への関数である．

例2． $\{1, 2, 3\}$ から $\{1, 2, 3\}$ への関数 f, g をそれぞれつぎのように定義する：

$$f(1) = 2, \ f(2) = 3, \ f(3) = 1$$
$$g(1) = 1, \ g(2) = 3, \ g(3) = 2$$

しからば

$$(g \circ f)(1) = g(f(1)) = g(2) = 3$$
$$(g \circ f)(2) = g(f(2)) = g(3) = 2$$
$$(g \circ f)(3) = g(f(3)) = g(1) = 1.$$

注意1． $g \circ f$ をつくりうるためには，f の終域と g の始域とが一致していなくてはならない．

---

9) f と g との順序に注意せよ．

問 3°. A を $x \neq -1$ なる実数全体の集合とし，B, C を実数全体の集合とする．しかして，f を $\dfrac{z-1}{z+1}$ なる式によって与えられる A から B への関数とし，g を y^2+1 なる式によって与えられる B から C への関数とする．このとき，$g \circ f$ はいかなる関数となるか．

§4. 一対一の対応

集合 A から集合 B への一つの関数を f とする．しかるときはすでに述べたように，B の任意の元 b に対して，その f による原像，すなわち $f(a)=b$ となるような A の元 a は，あることもあり，ないこともあり，またあっても二つ以上あることもある．

B の元のうちに，その f による原像が一つもないものがあるということは，とりもなおさず，B の元のうちに A のどの元の像にもならないものがあるということにほかならない．また，B の元のうちに，その f による原像を二つ以上もつものがあるということは，A の違った二元 a_1, a_2 で，その f による像の等しいものがあるということである：$f(a_1)=f(a_2)$．

A から B への関数のうちでこのようなことの起らないもの，いいかえれば，B のどの元もちょうど一つの原像をもつようなものを，A から B への**一対一の対応**と称する．すなわち，くわしくいえば，A から B への一対一の対応とは

(1) 終域 B のどの元も始域 A のある元の像となり，

(2) 始域 A の相異なるどの二元の像も相異なるような関数をさすわけである．いわば，それによって，A の元と B の元とが一対一に対応しあうような関数のことにほかならない．

例1． 実数全体の集合を R とし，式 $x+2$ によって与えられる R から R への関数を f とする．しかるとき，この f は R から R への一対一の対応である．なぜならば：まず終域 R の任意の元 b をとれば，これは始域 R の元 $b-2$ の像である：$f(b-2)=(b-2)+2=b$．さらに，一般に $a_1 \neq a_2$ ならば $a_1+2 \neq a_2+2$ であることは明らかであるから，始域 R の相異なる二元の像はたしかに違っている．したがって，f は一対一の対応なのである．

例2． $A=\{1, 2, 3\}$，$B=\{4, 5\}$ とし，$f(1)=4$，$f(2)=4$，$f(3)=5$ なる A から B への関数 f を考える．しからばこれは一対一の対応ではない．なぜならば，$1 \neq 2$ であるにもかかわらず $f(1)=f(2)=4$ となるからである．

例3． $A=\{1, 2, 3\}$，$B=\{4, 5, 6, 7\}$ とし，$f(1)=4$，$f(2)=5$，$f(3)=6$ なる A から B への関数 f を考える．しからばこれは一対一の対応ではない．終域 B の元 7 には原像がないからである．

一般に，任意の集合 A の元 a に a 自身を対応させることにすれば，これは A から A への一つの関数である．これを A の**恒等関数**といい，i_A と書く．

i_A は A から A への一対一の対応になっている．なぜならば，その終域 A の任意の元 a は始域 A の元 a の像であり，始域 A の相異なる二元 a_1，a_2 の像 a_1，a_2 は相異なるからである．

つぎに，集合 A から集合 B への一対一の対応を f とする．しかるとき，B の元 b を任意にとれば，その f による

原像はただ一つである．いま，B の任意の元 b に対して，そのfによる原像 a をそれぞれ対応させることに定めよう．しからば，これは B から A への一つの関数である．普通，これを f の**逆関数**といい
$$f^{-1}$$
と書く．A の元 a の f による像が B の元 b であれば，a は b の原像であるから，逆関数の定義によって $f^{-1}(b)=a$．すなわち，$f(a)=b$ ならば $f^{-1}(b)=a$ である．同様にして，$f^{-1}(b)=a$ ならば $f(a)=b$ であることが確かめられる．これらはまた
$$f^{-1}(f(a))=a, \ f(f^{-1}(b))=b$$
というふうにも表わすことができる．

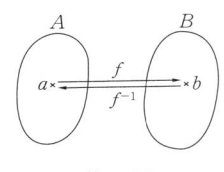

第11図

f^{-1} は B から A への一対一の対応である．なぜならば：終域 A の任意の元 a に対して $f^{-1}(f(a))=a$ が成立するから，a は $f(a)$ という元の像である．さらに，始域 B の相異なる二元 b_1, b_2 に対して $f^{-1}(b_1)\ne f^{-1}(b_2)$ が成立する．つまり，$f^{-1}(b_1)=f^{-1}(b_2)$ ならば $f(f^{-1}(b_1))=f(f^{-1}(b_2))$，すなわち $b_1=b_2$ となって，矛盾を生じるからである．こうして，f^{-1} は B から A への一対一の対応であることがわかった．

例 4. $x+2$ なる式によって与えられる R から R への関数を f とすれば，これはすでに述べたように一対一の対応である．ところで，また，R の元 b の原像は $b-2$ となるのであった．ゆえに，

f^{-1} は式 $x-2$ によって与えられる関数である．

問 4°． A から B への一対一の対応を f とすれば
$$f^{-1} \circ f = i_A, \quad f \circ f^{-1} = i_B, \quad (f^{-1})^{-1} = f$$
となることを示せ．

問 5°． A から B への一対一の対応を f，B から C への一対一の対応を g とすれば，g と f との合成関数 $g \circ f$ は A から C への一対一の対応であることを示せ．

§5. 直 積

よく知られているように，平面上に互いに直交する二直線をとってこれらをそれぞれ x-軸，y-軸と名づけ，それをもとにして，平面上の各点 P に座標 (a, b) を与えることができる．

本節では，この座標のように，二つのもの a, b からつくられる (a, b) というふうなものについて考えよう．

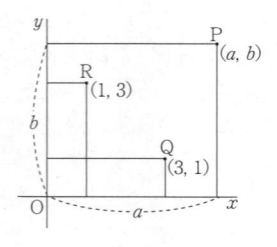

第 12 図

このようなものについて最も肝心なのは，(a, b) と (b, a) との区別である．すなわち，座標を例にとれば，(a, b) と (b, a) とは，a と b とが等しくないかぎり，全く違う二つの点の座標になっている．たとえば，$(3, 1)$ と $(1, 3)$ とは，それぞれ図に示す点 Q, R の座標であって，全然別のものなのである．

このことを念頭において，つぎのような定義をおく：

一般に，二つのもの a, b からつくられた (a, b) なるも

のを，a と b とからつくられた**順序のある組**または**順序対**と称する．二つの順序対 (a, b), (a', b') が等しいとは，等式 $a=a'$, $b=b'$ がともに成立することであると規約する．(a, b) と (a', b') が等しいことを

$$(a, b) = (a', b') \text{ または } (a', b') = (a, b)$$

と書く．また，$(a, b)=(a', b')$ でないことを

$$(a, b) \neq (a', b') \text{ または } (a', b') \neq (a, b)$$

で表わす．

注意 1．a, b なる二つのものからつくられた集合 $\{a, b\}$ と順序対 (a, b) とは，はっきり区別しなくてはならない．たとえば，$\{a, b\}=\{b, a\}$ はつねに成立するが，すでに述べたように，$a=b$ でないかぎり $(a, b)=(b, a)$ とはならないのである．

A, B を二つの集合とするとき，A の元 a と B の元 b とからつくられる順序対 (a, b) の全体から成る集合を，A と B との**直積**といい，つぎのように書く：

$$A \times B.$$

例 1．$A=\{a_1, a_2, \cdots, a_m\}$, $B=\{b_1, b_2, \cdots, b_n\}$ とすれば，$A \times B$ はつぎのような $m \times n$ 個の元から成り立っている：

$$(a_1, b_1), (a_1, b_2), \cdots, (a_1, b_n)$$
$$(a_2, b_1), (a_2, b_2), \cdots, (a_2, b_n)$$
$$\cdots\cdots \quad \cdots\cdots \quad \cdots \quad \cdots\cdots$$
$$(a_m, b_1), (a_m, b_2), \cdots, (a_m, b_n).$$

注意 2．$A \times B$ と $B \times A$ とは概念上別のものである．$A \times B$ は A の元 a と B の元 b とからつくられた順序対 (a, b) の全体であるが，$B \times A$ は B の元 b と A の元 a とからつくられる順序対 (b, a) の全体である．ただし，$A=B$ の場合は例外である．

例 2．A, B をともに実数全体の集合 R とすれば，$A \times B$ すな

わち $R \times R$ は，平面上の点の座標 (a, b) の全体から成る集合である．ところで，数学では普通，簡単のために，点とその座標とを同一のものと見なし，二つの実数からつくられた順序対 (a, b) そのもののことを点と考えることが多い．この見地からすれば，$R \times R$ は平面そのものなわけである．同様にして，R は直線と同一視される．

以上と全く同様にして，a, b, c からつくられた**順序のある組** (a, b, c)，a, b, c, d からつくられた順序のある組 (a, b, c, d)，…などを導入することができる．また，それに基づいて，集合 A, B, C の直積 $A \times B \times C$，集合 A, B, C, D の直積 $A \times B \times C \times D$，…などをも定義することができる．

問 6°. 任意の集合 A, B, C に対してつぎの関係が成立することを確かめよ：
$$A \times (B \cup C) = (A \times B) \cup (A \times C)$$
$$A \times (B \cap C) = (A \times B) \cap (A \times C)$$
$$(A \cup B) \times C = (A \times C) \cup (B \times C)$$
$$(A \cap B) \times C = (A \times C) \cap (B \times C).$$

§6. 関数のグラフ

R を実数全体の集合とし，f を R から R への一つの関数とする．R の任意の元 a には，f によって R の元 $f(a)$ が対応しているわけである．いま，任意の実数 a と，その f による像 $f(a)$ とからつくられる順序対 $(a, f(a))$ をすべて考え，これを座標とするような平面上の点を全部集めることにする．しからば，このような点全体の集合は，一般

に平面上の一つの線をつくるであろう．これを，通常，関数 f のグラフという．

ところで，すでに前節でも注意したように，平面上の点とその座標とは，これを同一視してもよい．この見地を採用すれば，f のグラフとは，順序対 $(a, f(a))$ の全体から成るところの，$R \times R$ の部分集合そのものであるといってもよい．

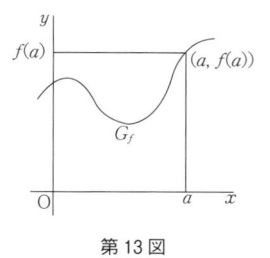

第13図

以上は，"R から R への" 関数のグラフの説明であるが，一般の関数のグラフも，これと全く同様にして定義される：

いま，A から B への関数を f とすれば，A の任意の元 a，およびその f による像 $f(a)$ からつくられる順序対 $(a, f(a))$ の全体は，直積 $A \times B$ の一つの部分集合である．これを関数 f の**グラフ**といい，G_f と書く．

例1. $A = \{1, 2, 3\}$, $B = \{4, 5, 6\}$ とし，A から B への関数 f をつぎのように定義する：$f(1) = 4$, $f(2) = 5$, $f(3) = 6$. しからば
$$G_f = \{(1, 4), (2, 5), (3, 6)\}.$$

A から B への関数が等しければ，そのグラフも明らかに相等しい．ところが，実はこの逆も成立するのである：

定理1. A から B への二つの相異なる関数を f, g とする．しからば
$$G_f \neq G_g.$$

[証明] $f \neq g$ であるから，A のある元 a をとれば $f(a) \neq g(a)$ となる．しかるに，A の元 a と B の元 b とからつくられた順序対 (a, b) が G_f に属するためには，$b = f(a)$ であることが必要である．よって，$(a, g(a)) \notin G_f$．ところが一方 $(a, g(a)) \in G_g$．ゆえに，$G_f \neq G_g$ でなくてはならない．

A から B への任意の関数を f とするとき，そのグラフ G_f がつぎの性質をもつことは明らかであろう：

(1) $G_f \subseteq A \times B$
(2) A の任意の元 a に対して，(a, b) が G_f に属するような B の元 b がただ一つ存在する（つまり $b = f(a)$）．

つぎに述べる定理は，ちょうどこのことの逆である．

定理 2. $A \times B$ の部分集合 G がつぎの性質を満足するとする：

(*) A の任意の元 a に対して，(a, b) が G に属するような B の元 b がただ一つ存在する．

しからば，G は A から B へのある関数のグラフになっている．

[証明] (*)によれば，A の任意の元 a に対して，(a, b) が G に属するような B の元 b がただ一つ存在する．そこで，各 a にその b を対応させることに定めよう．しからば，A から B への一つの関数 f がえられることになる．つぎに，$G_f = G$ であることを証明する．まず，f の定義から明らかに，A の任意の元 a に対して $(a, f(a)) \in G$．したがって $G_f \subseteq G$．さらに，$(a, b) \in G$ ならば，$b = f(a)$ で

あるから $(a, b)=(a, f(a))\in G_f$. ゆえに $G\subseteq G_f$. これより, $G_f=G$ であることがわかる.

上の二つの定理によれば, $A\times B$ の部分集合で(*)を満足するものを与えるとき, それをちょうどグラフとするような関数がただ一つ決定する. また, すでに述べたように, 関数のグラフが(*)を満足することは明らかである.

したがって, A から B への関数を指定することと, (*)を満足するような $A\times B$ の部分集合を与えることとは, 全く同じ効果をもつものであることがわかる. すなわち, 極端にいえば, A から B への関数とは, (*)を満足するような $A\times B$ の部分集合と本質的に同じものなのである.

問 7°. f を集合 A から集合 B への一対一の対応とする. しからば, 明らかにその逆関数 f^{-1} が存在する. このとき, f のグラフ $G_f (\subseteq A\times B)$ と f^{-1} のグラフ $G_{f^{-1}} (\subseteq B\times A)$ との間にはどのような関係があるかを調べてみよ.

第2編 濃　　度

Ⅰ. 濃度の概念

　本章では，各集合に，元の多少を示すための"目やす"を与えることを考える．

　よく知られているように，有限集合においては，その元の多少はいわゆる"個数"の概念によって表わされる．本章の目的は，この個数の概念を有限とはかぎらない一般の集合にまでおしひろめようということにほかならない．

　そのために，われわれは，まず有限集合における元の個数の概念を分析してその性格をとらえ，しかるのち同様の性格のものを一般の集合に対しても定義する，という方法をとることにする．

　かくしてえられるところの個数の概念の拡張が，すなわち表題に掲げられた"濃度"というものなのである．

　"てびき"でも述べたように，本章からがいよいよ本来の集合論である．

§1. 個数とはなにか

　まず，われわれは，有限集合の元の個数とはいかなるものかを分析してみよう．

　そもそも，二つの有限集合 A, B が同数の元をもっているとは，いったいどういうことなのであろうか．

これに対して，ただちに，AとBの元の個数をそれぞれ勘定して等しい結果のえられることである，などといってしまうのは，あまり生産的な答え方ではない．われわれは，上のような問題を出発点として"物の個数"というものの性格をとらえ，それに基づいて一般の集合にもそのようなものを定義しようとしているのであるから，ここであたまから個数という言葉を利用するのは，なんといっても不適当といわざるを得ない．

ところが，幸いなことに，上の問題は個数の概念を全然使うことなくこれを解決することができるのである：

たとえば，ここに一つの部屋があるとし，その中にいくつかの椅子がおいてあるとする．そこへ，何人かの人がいっせいに入ってきたものと想像してみよう．しからばこのとき，別段椅子の数と入ってきた人の人数とを勘定してみなくても，それらが"同数であるかどうか"ということは知られるのではなかろうか．つまり，入ってきた人達に一つずつ椅子を提供して，実際にこしかけさせてみればよいのである．そのとき，椅子のない人が残れば人数の方が多かったのであり，椅子があまれば椅子の数の方が多かったのであり，またちょうど過不足なければ，両方等しかったことになるであろう．

これをいいかえれば，こういうことにほかならない：そこにある椅子全体の集合を M, 入ってきた人全体の集合を N とするとき，Mの元すなわち椅子に，Nの元すなわち人を一人ずつ対応させるのに，Mの違った元には必ずN

の違った元を対応させることができて，しかもその結果ちょうど過不足のない場合，M と N とは同数の元から成り立っているのである．そして，それ以外の場合は，M の元と N の元とは同数ではない．

つまり，一般につぎのようにいうことができる：

二つの有限集合 A, B が与えられたとき，この A と B とが同数の元を含むとは，A から B への一つの一対一の対応 f があるということにほかならない．またこれは，逆関数 f^{-1} を考えることによって，B から A への一対一の対応があるということとも同じである．

このような考察は，すでに物の個数 0, 1, 2, … というものを十分に知っているわれわれにとって，たいへんな回り道であることはいうまでもない．しかし，よく考えてみると，ものの個数とは実はこのようなところから発生するものともみることができるのである．以下にそれを説明しよう：

上の考察の結果，いろいろの有限集合は，それが上のような意味で同数の元を含むかどうか，すなわち一方から他方へ一対一の対応があるかどうかによって，互いに同数の元を含むもの同士の多くのグループに分かたれるであろう．

たとえば，人間 a, b から成る集合 $\{a, b\}$，椅子 α, β から成る集合 $\{\alpha, \beta\}$，集合 A, B から成る集合族 $\{A, B\}$ などは同じ一つのグループに属するが，椅子 α, β, γ から成る集合 $\{\alpha, \beta, \gamma\}$ などは別のグループに所属する．

ところで，このように考えてくれば，有限集合の元の個数 0, 1, 2, 3, … とは，各有限集合が互いに同じグループに属するかどうかを示すために，それぞれが一つずつもっているところの，いわば徽章——目じるしのようなものともみることができるであろう．すなわち，それは，同じグループに属する有限集合のもっているものは全部同じで，グループが違えば違うような，ある目じるしのようなものにほかならないと考えることができる．たとえば，"2"とは，上にあげた $\{a, b\}$ や $\{\alpha, \beta\}$ や $\{A, B\}$ などの所有する目じるしであり，"3"は $\{\alpha, \beta, \gamma\}$ などの所有する目じるしであると考えて，さして不自然なことはなかろうというのである．

　"数"を"目じるし"だなどといえば，数を冒瀆するものと不満な向きもあるかもしれない．しかし，落ちついて考えてみれば，一般に"抽象的"な概念はすべてそういうものとみることも可能なのである．たとえば，"書物"というとき，"書物そのもの"というような一つの絶対的なものがこの世のどこかにあるわけではない．それは，ただ，紙でつくられ，文字が書かれてあって，……，というなにがしかの要件をみたすすべてのものに対して，それらを他のもろもろのものから区別するために，それらのみにとくにつける目じるしのようなものにすぎない——とも考えられるであろう．

　このような見地からすれば，物の個数についてのわれわれの上の解釈も，そう荒唐無稽のものではないといわなけ

ればならない．

次節では，以上述べたことをもっと整頓した上で，それを基礎として，元の個数の概念を一般の集合にまでおしひろめることを試みよう．

§2. 濃度の定義

二つの集合を A, B とするとき，A から B への一対一の対応が少なくとも一つあるならば，A は B と**対等**であるといい，つぎのように書く：
$$A \sim B.$$

例1． 自然数全体の集合 $\{1, 2, 3, \cdots\}$ を A とし，偶数全体の集合 $\{2, 4, 6, \cdots\}$ を B とする．しからば $A \sim B$．なぜならば，A から B への $f(1)=2, f(2)=4, f(3)=6, \cdots$ なる関数 f，すなわち $f(n)=2n$ なる f は，A から B への一対一の対応だからである．

例2． 集合 $\{1, 2, \cdots, n\}$ は自然数全体の集合と対等ではない．なぜならば，前者から後者への一対一の対応がないからである．

A, B, C を任意の集合とすれば，つぎの関係が成立する：

(1) $A \sim A$

(2) $A \sim B$ ならば $B \sim A$

(3) $A \sim B, B \sim C$ ならば $A \sim C$．

なんとなれば：(1) A の元 a に a 自身を対応させる関数，すなわち A の恒等関数 i_A は A から A への一対一の対応である．ゆえに $A \sim A$．

(2) f が A から B への一対一の対応であれば，その逆

関数 f^{-1} は B から A への一対一の対応である．よって，$A \sim B$ ならば $B \sim A$．

(3) A から B への一対一の対応を f，B から C への一対一の対応を g とすれば，g と f との合成関数 $g \circ f$ は A から C への一対一の対応である（前章 §4，問 5）．ゆえに $A \sim B$，$B \sim C$ ならば $A \sim C$．

さて，このことを用いれば，あらゆる集合は，互いに対等なもの同士のいくつかのグループに分類することができる：

まず，任意の集合 A を取り，それに対等な集合 $B, C,$ … を全部集めて，一つのグループをつくってみる．そうすれば，(1)によって，A はそれ自身そのグループに含まれる．また，そのグループに属する任意の集合 B, C は，ともに $A \sim B$，$A \sim C$ をみたすから，(2)によって $B \sim A$，$A \sim C$ となり，(3)を用いれば $B \sim C$ となる．すなわち，このグループの任意の二つの集合は互いに対等である．さらに，このグループの集合に対等な集合はそのグループの外にはあり得ない．なぜならば：ある集合 D がこのグループのある集合 B と対等であれば，$A \sim B$，$B \sim D$ であるから $A \sim D$ となり，D ははじめからこのグループに属していなくてはならないことになる．

そこで，A のかわりにいろいろの集合をとって同様のことをおこなえば，結局，あらゆる集合は互いに対等なもの同士のグループに分かたれることがたしかめられる．

かくして得られたグループ分けに基づいて，つぎのごと

く，各集合に目じるしのためのものを一つずつ付随せしめることにしよう：

(a) 同じグループに属する集合の目じるしは同じである，

(b) 違うグループに属する集合の目じるしは相異なる．

しかして，集合 A につけられた目じるしを A の**濃度**といい，簡単のために $|A|$ と書く[1]．定義から明らかに，$A \sim B$ と $|A|=|B|$ とは同じことである．

これが，有限集合の元の個数の概念の，一般の集合への全く自然な拡張であることは明らかであろう．したがって，また，有限集合の濃度としては，すでにわれわれの用いなれているその元の個数 0, 1, 2, $\cdots$ をそのまま採用する方が便利である．そうすれば，上にあげた集合 $\{a, b\}$, $\{\alpha, \beta\}$, $\{A, B\}$ などの濃度は 2 に等しく，$\{\alpha, \beta, \gamma\}$ の濃度は 3 に等しい：

$$|\{a, b\}| = |\{\alpha, \beta\}| = |\{A, B\}| = 2, \ |\{\alpha, \beta, \gamma\}| = 3.$$

また，明らかに $|\emptyset|=0$ である．

一般に，濃度は

$$\mathfrak{a}, \mathfrak{b}, \mathfrak{c}, \mathfrak{d}, \cdots$$

などのようなドイツ小文字で記される習慣である．

例3． 例1によって，自然数全体の集合 A の濃度と偶数全体の集合 B の濃度とは相等しい：$|A|=|B|$．

例4． 例2によって $|\{1, 2, \cdots, n\}| \neq |\{1, 2, \cdots, n, \cdots\}|$．しかるに $|\{1, 2, \cdots, n\}|=n$ だから，$|\{1, 2, \cdots, n, \cdots\}| \neq n$．

---

[1] $|A|$ のかわりに $\overline{\overline{A}}$ と書くこともある．

注意 1. 有限集合 A, B が $A \supset B$ なる関係にあれば，当然 A の元の個数は B の元の個数よりも大きい：$|A|>|B|$. しかし，無限集合の場合には，例 3 からもわかるように，$A \supset B$ でありながら $|A|=|B|$ であることも起りうるのである．これは考えようによっては奇妙なことであるが，事実そうであるからには認めるほかはない．このようなところに，有限と無限との大きな違いがあるともいえるであろう．

注意 2. 一般に，各濃度 $\mathfrak{a}$ には，ちょうど $|A|=\mathfrak{a}$ となるような集合 A がかぎりなくたくさんある．以下においてわれわれは，いろいろの都合から，各 $\mathfrak{a}$ に対して $|A|=\mathfrak{a}$ となるような集合 A が一つずつ代表として選ばれてあるものと仮定する．

§3. 可付番集合

有限集合の濃度，すなわち有限集合の元の個数を**有限濃度**という．これは，負でない整数 $0, 1, 2, \cdots$ のことにほかならない．これに対して，無限集合の濃度を**無限濃度**という．

無限濃度のうちで最も簡単なものは，自然数全体の集合 N の濃度である．これを普通

$$\aleph_0$$

と書いて "アレフ・ゼロ" と読む[2]．

濃度の定義から明らかに，N と対等な集合の濃度はすべて $\aleph_0$ に等しく，逆に濃度 $\aleph_0$ をもつ集合は N と対等である．一般に，N と対等な集合のことを**可付番集合**という．この理由から，$\aleph_0$ のことを**可付番の濃度**ということもあ

---

2) $\aleph$ はヘブライ語の第一字母で "アレフ" と読まれる．

る．

　例1． N はもちろん可付番である．また前節例3によって，偶数全体の集合も可付番である．

　例2． 奇数全体の集合 $\{1, 3, 5, \cdots\}$ は可付番である：任意の自然数 n に $2n-1$ なる奇数を対応させることにすれば，これは N から $\{1, 3, 5, \cdots\}$ への一対一の対応となるからである．

　可付番集合を A とすれば，N から A への一対一の対応 a が存在する．この a によって，N の違った元は A の違った元に対応し，かつ A のどの元も N のある元の像となる．したがって，いま自然数 n の関数 a による像を a_n と書くことにすれば，A の元は

$$a_1, a_2, a_3, \cdots, a_n, \cdots$$

なる列の形にならべることができるわけである．よって，可付番集合においては，その元に通し番号をつけて一列に並べうることが知られる．

　逆に，一つの集合 B において，その元に通し番号をつけて一列に並べることができたとする：

$$B = \{b_1, b_2, b_3, \cdots, b_n, \cdots\}.$$

しからば，これは N から B への一対一の対応 b があることを示すものにほかならない．ゆえに B は可付番である．

　"可付番"集合なる名称は，実はこの"番号を付けうること"に根拠をもつのである．

　以下に，いくつかの主要な可付番集合の例をあげてみることにしよう：

　（1）　整数全体の集合 $\{0, \pm 1, \pm 2, \cdots\}$

この集合の元を $0, 1, -1, 2, -2, 3, -3, \cdots$ のように一列に並べ，最初から順番に $a_1, a_2, a_3, \cdots$ とおいていくことにすれば，元全体に通し番号をつけて一列に並べることができたことになる．ゆえに，この集合は可付番である．

(2) 有理数全体の集合

まず，正の有理数のみを考え，これを右のような表に配列する．

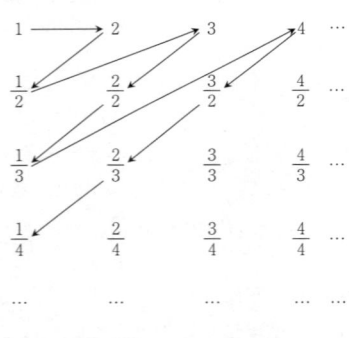

$$
\begin{array}{cccc}
1 & 2 & 3 & 4 \cdots \\
\frac{1}{2} & \frac{2}{2} & \frac{3}{2} & \frac{4}{2} \cdots \\
\frac{1}{3} & \frac{2}{3} & \frac{3}{3} & \frac{4}{3} \cdots \\
\frac{1}{4} & \frac{2}{4} & \frac{3}{4} & \frac{4}{4} \cdots \\
\cdots & \cdots & \cdots & \cdots
\end{array}
$$

そうして，矢印の方向に1番，2番，3番，… と進むことにし，それぞれ $a_1, a_2, a_3, \cdots$ とおいていく．ただし，途中で，すでに出てきた数に等しい数があらわれれば（たとえば $1 = \frac{2}{2} = \frac{3}{3} = \cdots$），これはとばして進むことにする．そうすれば，正の有理数全体に通し番号がつけられ，結果として一列に並べることができるであろう：

$$a_1, a_2, a_3, \cdots.$$

ところで，こうなれば，有理数全体は

$$0, a_1, -a_1, a_2, -a_2, a_3, -a_3, \cdots$$

と並べられる．よって，ここでこれを最初から順に $b_1, b_2, b_3, \cdots$ とおいていけば，たしかに有理数全体に通し番号をつけて並べうることがわかる．すなわち，有理数全体の集合は可付番である．

(3) 代数的数全体の集合

整数を係数とする代数方程式：

(*) $a_0 x^n + a_1 x^{n-1} + a_2 x^{n-2} + \cdots + a_{n-1} x + a_n = 0 \quad (a_0 \neq 0, n \geq 1)$

の根になるような実数を代数的実数または簡単に代数的数とい

う．代数的数の満足する方程式は，必要とあればその両辺に -1 をかければよいから，$a_0>0$ と仮定してもよい．

任意の有理数 $\dfrac{q}{p}$ は方程式 $px-q=0$ の根であるから，代数的数である．また，$\sqrt{2}$ や $\sqrt[3]{3}$ なども，それぞれ $x^2-2=0$, $x^3-3=0$ の根として，代数的数になる．以下に，この代数的数全体の集合が可付番であることを示す：

一般に，方程式(*)において，$n+a_0+|a_1|+|a_2|+\cdots+|a_n|$ なる自然数をその高さという．たとえば，$x^2-2=0$ では $n=2$, $a_0=1$, $a_1=0$, $a_2=-2$ であるから，その高さは $2+1+|0|+|-2|=5$ である．

高さは明らかに2以上である．また，高さの等しい方程式は有限個しかありえない．なぜならば，一つの高さ h をきめれば，当然 $n<h$, $a_0<h$, $|a_1|<h$, $\cdots$, $|a_n|<h$ でなくてはならないために，n, a_0, a_1, $\cdots$, a_n の選び方が有限通りに制限されてしまうからである．たとえば，高さ2の方程式は
$$x=0$$
一つであり，高さ3の方程式は
$$2x=0, \quad x+1=0, \quad x-1=0, \quad x^2=0$$
の四つであり，高さ4の方程式は
$$x+2=0, \quad x-2=0, \quad 2x+1=0, \quad 2x-1=0, \quad 3x=0$$
$$x^2+1=0, \quad x^2-1=0, \quad x^2+x=0, \quad x^2-x=0, \quad 2x^2=0, \quad x^3=0$$
の11個である．

さらに，方程式(*)の根の数はせいぜい n 個である．よって，h をきめれば，高さ h の方程式の根になるような代数的数も有限個しかないことがわかる．そこで，つぎのような表をつくろう：

高さ2の方程式の根となるもの：0
高さ3の方程式の根となるもの：-1, 0, 1
高さ4の方程式の根となるもの：-2, -1, $-\dfrac{1}{2}$, 0, $\dfrac{1}{2}$, 1, 2
　……　　　……　　　……　　　　　……　　　……　　　……　　．

そして，これを一列に並べて
　　　$0;\ -1,\ 0,\ 1;\ -2,\ -1,\ -\dfrac{1}{2},\ 0,\ \dfrac{1}{2},\ 1,\ 2;\ \cdots$
とし，最初から順に a_1, a_2, a_3, $\cdots$ とおいていく．もちろん，すでに出て来たものに等しいものが出て来たらとばしていく．そうすれば，たしかに代数的数全体に番号をつけて並べうることが知られる．

つぎに述べる二つの事柄は，いろいろの集合の可付番であることを示すのに有用である：

(a) 可付番集合 A の無限部分集合 B は可付番である．

［証明］A の元を a_1, a_2, $\cdots$ と一列に並べ，この中から B の元でないものを除き去る．残りがすなわち B の元である．いま，この残ったものを前へつめて先頭から新たに番号をつけ直す．そうすれば，B の可付番であることが知られる．

有限集合と可付番集合とをあわせて**高々可付番**な集合という．有限集合の部分集合がまた有限であることと上のことをあわせれば，高々可付番な集合の部分集合はまた高々可付番であることが知られる．

(b) A, B が高々可付番ならば，$A \cup B$ はまた高々可付番である．

［証明］A, B がともに有限ならば，$A \cup B$ も有限であることは明らかである．A が有限集合 $\{a_1, a_2, \cdots, a_n\}$, B が可付番集合 $\{b_1, b_2, \cdots, b_n, \cdots\}$ ならば，$A \cup B$ の元を
　　　$a_1,\ a_2,\ \cdots,\ a_n,\ b_1,\ b_2,\ \cdots$
と並べて先頭から番号をつける．A が可付番で B が有限

のときも同様にする．A が可付番集合 $\{a_1, a_2, \cdots\}$，B も可付番集合 $\{b_1, b_2, \cdots\}$ ならば，$A \cup B$ の元を

$$a_1, \ b_1, \ a_2, \ b_2, \ a_3, \ b_3, \ \cdots$$

と並べて先頭から番号をつける．いずれの場合でも，番号をつける際，すでに出て来たものと等しいものが出て来たらとばすことはもちろんである．こうして $A \cup B$ の可付番であることがわかる．

 問 1°． 有限集合の列 $A_1, A_2, \cdots$ の和集合は，高々可付番であることを示せ．

 問 2°． 0 より大きく 1 より小さい有限小数（ある桁から以後，0 ばかりが続く小数）の全体は可付番であることを証明せよ．

§4. 可付番でない集合

 前節では，数多くの無限集合が可付番であることを示した．有理数や代数的数のように，自然数よりもはるかに多くありそうにみえるものでさえも，その集合の実際の濃度は $\aleph_0$ であることがわかった．こうなれば，当然，無限集合の濃度はすべて $\aleph_0$ に等しいのではないかという疑問が起ることであろう．

 しかし，実はそうではない．つぎに，可付番でない無限集合の実例を掲げることにする：

 （1） 実数全体の集合 R は可付番ではない．

 ［証明］ 可付番集合の無限部分集合はまた可付番であるから，R が可付番でないことを示すには，それに可付番でない無限部分集合があることを示せばよい．ここでは，

$0 < x \leqq 1$ なる実数 x の全体の集合 R_1 が可付番でないことを証明する.

周知のごとく, R_1 の元 x は, 無限小数として, ただ一通りに表わすことができる[3]．
$$x = 0.a_1 a_2 a_3 \cdots a_n \cdots.$$
いま, R_1 が可付番であったとしてみよう. しからば, その元に通し番号をつけて, つぎのように（上から下へ）並べることができるはずである：

$$a_1 = 0.\ a_{11}\ a_{12}\ a_{13}\ \cdots\ a_{1n}\ \cdots$$
$$a_2 = 0.\ a_{21}\ a_{22}\ a_{23}\ \cdots\ a_{2n}\ \cdots$$
$$a_3 = 0.\ a_{31}\ a_{32}\ a_{33}\ \cdots\ a_{3n}\ \cdots$$
$$\cdots\cdots$$
$$a_n = 0.\ a_{n1}\ a_{n2}\ a_{n3}\ \cdots\ a_{nn}\ \cdots$$
$$\cdots\cdots.$$

ここで, この表の対角線に相当するところにある a_{11}, a_{22}, a_{33}, $\cdots$, a_{nn}, $\cdots$ なる数を考え, これとの関連のもとに, つぎのようにして, 小数 $b = 0.b_1 b_2 b_3 \cdots b_n \cdots$ を定義する：

---

[3] 一般に, $0 < x \leqq 1$ なる任意の実数 x が $0.a_1 a_2 \cdots a_n \cdots$ なる小数の形に展開されることは明らかである. この際, ある桁から以後ずっと 0 だけが続く小数を有限小数, しからざる小数を無限小数という. じつは, $0 < x \leqq 1$ なる x は無限小数の形に, ただ一通りの仕方で展開されることが示されるのである. たとえば
$$\frac{1}{3} = 0.3333\cdots, \quad 1 = 0.9999\cdots.$$

$$b_n = \begin{cases} 1 & (a_{nn} \neq 1 \text{ のとき}) \\ 2 & (a_{nn} = 1 \text{ のとき}). \end{cases}$$

しからば明らかに $0 < b \leq 1$, すなわち $b \in R_1$. したがって, b はある a_n と等しくなくてはならない. しかるに, どの a_n をとっても $a_n \neq b$. なぜならば, b と a_n とは小数点以下第 n 桁目が違うからである. これは矛盾である. よって, R_1 は可付番ではない. したがってまた R も可付番ではない.

実数全体の集合 R の濃度は

$$\aleph$$

と書かれ, **連続体の濃度**と称えられる.

注意 1. のちに, $R_1 \sim R$ であることが示される.

注意 2. 代数的数以外の実数を超越数という. 代数的数全体の集合を A, 超越数全体の集合を B と書けば, $R = A + B$ (直和). これより, B が無限集合でしかも可付番でないことが知られる. なぜならば, すでに A の可付番であることはわかっているから, その上 B が高々可付番であれば, R まで可付番となって矛盾を生じるからである. 実は, のちに $B \sim R$ であることが示される.

全く同様の理由から, 無理数全体の集合も高々可付番ではあり得ない. これも R と対等であることがのちに示される.

つぎに, もう一つ無限濃度を紹介する:

(2) R から R への関数全体の集合 F の濃度は, 有限でも可付番でも連続体の濃度でもない.

[証明] いかなる実数 x にも定数 a を対応させるような関数を f_a とおけば, $f_a \in F$. いま, かかる関数全体のつくる F の部分集合を C とする. 実数 a に f_a を対応させる

ことにすれば，これは R から C への一対一の対応である．よって $C \sim R$．これより，F の高々可付番でないことがわかる．なぜならば，もし F が高々可付番ならば，そのすべての部分集合がまた高々可付番であるはずであるが，これは C が連続体の濃度をもつことと矛盾するからである．

つぎに，F が R と対等でないことを示す．いま，かりに R から F への一対一の対応 g があるものと仮定する．しからば，F の任意の元——すなわち，R から R への関数——は，R のある元 a の g による像：g_a である．ここで，つぎのようにして R から R への一つの新しい関数 h を定義しよう．すなわち，R の任意の元 a に対して

$$h(a) = g_a(a) + 1$$

とおくのである．しからば当然 $h \in F$．したがって，これはある g_b に等しい．つまり恒等的に $h(x) = g_b(x)$．そうすればとくに $h(b) = g_b(b)$．これはしかし，$h(b) = g_b(b) + 1$ であることに矛盾する．ゆえに，F は R と対等ではあり得ない．

F の濃度を**関数の濃度**といい，$\mathfrak{f}$ で表わす．

問 3°. $a < b$ なる実数 a, b に対して，$a < x < b$ なる実数 x の全体の集合を，a を左端，b を右端とする**開区間**といい $]a, b[$ と書く．任意の二つの開区間 $]a, b[$，$]a', b'[$ は対等であることを示せ．また，上のような a, b に対して，$a \leqq x \leqq b$ なる実数 x の全体の集合を，a を左端，b を右端とする**閉区間**といい $[a, b]$ と書く．任意の二つの閉区間 $[a, b]$，$[a', b']$ も互いに対等であることを示せ．$\left(\dfrac{a'-b'}{a-b} x + \dfrac{ab'-a'b}{a-b} \right)$ なる式が，$]a, b[$ から $]a', b'[$，あるいは $[a, b]$ から $[a', b']$ への一対一の対応を与えることを利用する）．

問 4. 実数全体の集合 R は任意の開区間と対等であることを示せ. $\left(\dfrac{x}{1-|x|}\right.$ なる式が, $]-1, 1[$ から R への一対一の対応を与えることを利用する. 本問によって, 開区間はすべて濃度 $\aleph$ をもつことがわかる. 実は, 閉区間も濃度 $\aleph$ をもつのであるが, これはのちに証明する.)

問 5. R と対等な任意の集合を A とし, A から R への関数全体の集合を F_1 とすれば, $F_1 \sim F$ であることを示せ. (A から R への一対一の対応を φ とし, F の各元 f に $f \circ \varphi$ なる F_1 の元を対応させる. これが一対一となることを確かめればよい.)

II. 濃度の大小

有限の濃度, すなわち有限集合の元の個数の間には, 大小の関係が考えられる. 本章では, この概念を一般の濃度に拡張することを試みよう.

§1. 濃度の大小

有限集合 A, B において, A の濃度——元の個数——が B の濃度——元の個数——よりも小さいとは, B の中に A と対等な真部分集合があることに他ならない. すなわち, $A \sim B_1$ かつ $B_1 \subset B$ なる B_1 があるとき, およびそのときにかぎって $|A| < |B|$ が成立する. もちろん, こうなれば, A と B とは対等ではあり得ない.

このことが, 一般の濃度の間に大小を定義するための, 良い手本になることは明らかであろう. しかしながら, これをそっくり真似たのでは少々まずいことがあるのであ

る.

　無限集合では，有限集合と違って，A が B の真部分集合と対等でありながら，しかも B 自身とも対等になることがありうる．たとえば，N を自然数全体の集合，Q を有理数全体の集合とすれば，$N \subset Q$ であるから，N は，Q の真部分集合である N 自身と対等であるが，一方またそれは Q 全体とも対等である．したがって，一般の集合 A, B に対して $|A|<|B|$ ということを，$A \sim B_1$，$B_1 \subset B$ なる B_1 のあることと定義すると，上のような場合には $|N|<|Q|$ かつ $|N|=|Q|$ となって，あまりおもしろくないのである．

　そこで，このような場合をはっきりと排除してつぎの定義をおく：

定義． 二つの濃度を $\mathfrak{a}, \mathfrak{b}$ とするとき，もし，濃度 $\mathfrak{a}, \mathfrak{b}$ をもつどんな集合 A, B についても

(*)　　　　$A \sim B_1$，$B_1 \subseteq B$ なる B_1 がある

ならば，$\mathfrak{a}$ は $\mathfrak{b}$ よりも**大きくない**，あるいは $\mathfrak{b}$ は $\mathfrak{a}$ よりも**小さくない**といわれ

$$\mathfrak{a} \leq \mathfrak{b} \text{ または } \mathfrak{b} \geq \mathfrak{a}$$

と記される．さらに，$\mathfrak{a} \leq \mathfrak{b}$ かつ $\mathfrak{a} \neq \mathfrak{b}$ のとき，$\mathfrak{a}$ は $\mathfrak{b}$ よりも**小さい**，あるいは $\mathfrak{b}$ は $\mathfrak{a}$ よりも**大きい**といい

$$\mathfrak{a} < \mathfrak{b} \text{ または } \mathfrak{b} > \mathfrak{a}$$

と書く．

　これが有限濃度の大小の概念とうまく調和することは明らかであろう．

注意 1． 濃度 $\mathfrak{a}$ をもつ集合も濃度 $\mathfrak{b}$ をもつ集合も，一般にはか

ぎりなくたくさんある.しかして,上の定義によれば,$|A|=\mathfrak{a}$, $|B|=\mathfrak{b}$ なる任意の A, B について,つねに (*) が成り立つのでないかぎり,$\mathfrak{a}\leqq\mathfrak{b}$ とはいえないことに注意しなくてはならない.しかし,実はつぎのようなことが成立するのである:

(a) $|A|=|C|$, $|B|=|D|$ とし,$A\sim B_1$, $B_1\subseteq B$ なる B_1 があるとする.しからば,$C\sim D_1$, $D_1\subseteq D$ なる D_1 が存在する.

[証明] $B\sim D$ だから,B から D への一対一の対応 f がある.いま,B_1 の元の f による像の全体 $B_1{}^f$ を考えよう[4].しからば,当然 $B_1{}^f\subseteq D$ かつ $B_1\sim B_1{}^f$.いま $B_1{}^f=D_1$ とおく.さすれば,まず $D_1\subseteq D$ で,しかも $C\sim A\sim B_1\sim B_1{}^f=D_1$ より $C\sim D_1$.ゆえに,(a) が証明された.

(a) によって,任意の濃度 $\mathfrak{a}$, $\mathfrak{b}$ に対し,$|A|=\mathfrak{a}$, $|B|=\mathfrak{b}$ なる一組の A, B について (*) が成り立てば,他のいかなる組についても (*) が成立し,したがって $\mathfrak{a}\leqq\mathfrak{b}$ となることがわかる.

注意 2. $A\subseteq B$ ならば,$A\sim A$ かつ $A\subseteq B$ であるから $|A|\leqq|B|$ となる.

例 1. 集合 $\{1, 2, \cdots, n\}$ は,集合 $N=\{1, 2, \cdots, n, \cdots\}$ の部分集合と対等であるが,N 自身とは対等ではない.よって $|\{1, 2, \cdots, n\}|<|N|$,すなわち $n<\aleph_0$.同様にして $0<\aleph_0$.一般に,有限濃度の間に $0<1<2<\cdots<n<\cdots$ の成立することは明らかであるから

$$0<1<2<\cdots<n<\cdots<\aleph_0.$$

---

[4] φ を集合 M から集合 N への関数,X を M の部分集合とするとき,X の元 x の φ による像 $\varphi(x)$ の全体から成る集合を,X の φ による像といい X^{φ} と書く.

である.

例2. 無限集合 A はつねに可付番な部分集合をつつむことが示される. その概略の証明はつぎのごとくである：まず, A から一つの元 a_1 を選ぶ. つぎに, $A-\{a_1\}$ から a_2 を選ぶ. さらにつぎに $A-\{a_1, a_2\}$ から a_3 を選ぶ. A は無限集合だから, このような操作はかぎりなく続けることができる. よって結局, 可付番な部分集合 $\{a_1, a_2, \cdots, a_n, \cdots\}$ がえられることになる.

このことを用いれば, $\aleph_0 = |\{a_1, a_2, \cdots, a_n, \cdots\}| \leq |A|$. すなわち, $\aleph_0$ は無限濃度のうちで最も小さいものであることが知られる.

例3. 自然数全体の集合 N は実数全体の集合 R の部分集合である. ゆえに, 注意2によって $|N| \leq |R|$, すなわち $\aleph_0 \leq \aleph$. しかるに, $\aleph_0 \neq \aleph$ はすでにわかっているから $\aleph_0 < \aleph$ である.

$\aleph_0 < \mathfrak{a} < \aleph$ なる濃度 $\mathfrak{a}$ があるかどうかを問う問題を, **連続体の問題**という. だが, これは解決不能であることが知られている.

例4. 実数全体の集合 R は, R から R への関数全体の集合 F の部分集合と対等である（前節 (2) の証明中の式：$C \sim R$ を想起せよ）. よって $|R| \leq |F|$, すなわち $\aleph \leq \mathfrak{f}$. しかるに, $\aleph \neq \mathfrak{f}$ はわかっているから $\aleph < \mathfrak{f}$ となる.

つぎの定理は重要である：

定理1. $\mathfrak{a} \leq \mathfrak{b}$, $\mathfrak{b} \leq \mathfrak{c}$ ならば $\mathfrak{a} \leq \mathfrak{c}$.

［証明］ $|A| = \mathfrak{a}$, $|B| = \mathfrak{b}$, $|C| = \mathfrak{c}$ なる集合 A, B, C をとる. しからば

$A \sim B_1$, $B_1 \subseteq B$；$B \sim C_1$, $C_1 \subseteq C$ なる B_1, C_1 がある. いま, B から C_1 への一対一の対応を f と

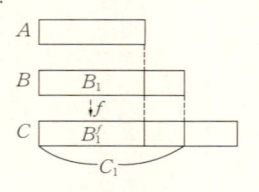

第14図

し，B_1 の f による像[5] B_1^f を考えよう．しからば，$A \sim B_1 \sim B_1^f$ かつ $B_1^f \subseteq C_1 \subseteq C$．よって $A \sim B_1^f$ かつ $B_1^f \subseteq C$．これ，$\mathfrak{a} \leqq \mathfrak{c}$ ということにほかならない．

例5. $\aleph_0 \leqq \aleph$，$\aleph \leqq \mathfrak{f}$ より $\aleph_0 \leqq \mathfrak{f}$．しかるに，$\aleph_0 \neq \mathfrak{f}$ であることはすでにわかっているから $\aleph_0 < \mathfrak{f}$．同様に，任意の有限濃度 n に対して $n < \aleph$，$n < \mathfrak{f}$．こうしてつぎの連鎖がえられる：
$$0 < 1 < 2 < \cdots < n < \cdots < \aleph_0 < \aleph < \mathfrak{f}.$$

§2. ベルンシュタイン（Bernstein）の定理

二つの濃度 $\mathfrak{a}$，$\mathfrak{b}$ の間に
$$\mathfrak{a} \leqq \mathfrak{b},\quad \mathfrak{b} \leqq \mathfrak{a}$$
の二つがともに成り立つとき，$\mathfrak{a} = \mathfrak{b}$ と速断したくなるのは人情というものであろう．

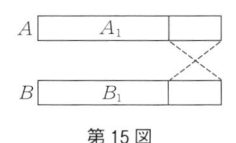

第15図

事実，これはつねに正しいのではあるが，しかし，"当然" のことかといえば，そうでもないのである：

$\mathfrak{a} \leqq \mathfrak{b}$ は，$|A| = \mathfrak{a}$，$|B| = \mathfrak{b}$ なる A，B に対して，$A \sim B_1$，$B_1 \subseteq B$ なる B_1 のあることを意味し，一方 $\mathfrak{b} \leqq \mathfrak{a}$ は，上のような A，B に対して，$B \sim A_1$，$A_1 \subseteq A$ なる A_1 のあることを意味する（第15図）．しかしながら，このことから $\mathfrak{a} = \mathfrak{b}$，すなわち A から B へ一対一の対応のあることが，"ただちに" 出て来るであろうか．——つまり，これは "証明を要する" 事柄なのである．

---

5) 89ページ脚注を参照．

定理 2（ベルンシュタインの定理）．$\mathfrak{a} \leqq \mathfrak{b}$ かつ $\mathfrak{b} \leqq \mathfrak{a}$ ならば $\mathfrak{a} = \mathfrak{b}$．

注意 1． この定理は，二つの集合 A, B に対して，

$A \sim B_1, B_1 \subseteq B; B \sim A_1, A_1 \subseteq A$

なる A_1, B_1 のあることから，$A \sim B$ を導き出せることを意味する．

いま，B から A_1 への一対一の対応を f とし，B_1 の f による像 $B_1{}^f$ を A_2 としよう：$A_2 = B_1{}^f$．しからば，$A \sim B_1 \sim A_2$ であるから

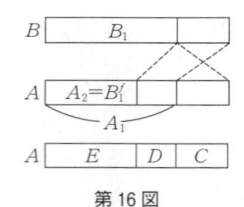

(*) $\qquad A_2 \subseteq A_1 \subseteq A$ かつ $A \sim A_2$．

ここで，$A \sim A_1$ なることを示すことができれば，$A_1 \sim B$ より，目的の $A \sim B$ のえられることは明らかである．よって，この定理を証明するためには，つぎの定理 3 が示されればよい：

定理 3． 三つの集合 A, A_1, A_2 の間に，(*)，すなわち $A_2 \subseteq A_1 \subseteq A$ かつ $A \sim A_2$ が成り立てば $A \sim A_1$ である．

[証明] まず，$C = A - A_1$，$D = A_1 - A_2$，$E = A_2$ とおけば，明らかに C, D, E は二つずつ互いに素で，かつ $A = C \cup D \cup E$ である（第16図を見よ）．

つぎに，A から E すなわち A_2 への一対一の対応を g とし，それによる C, D, E の像 C^g, D^g, E^g をそれぞれ C_1, D_1, E_1 とする．しからば，C, D, E が二つずつ互いに素ということ，および g が一対一ということを考慮すれば，C_1, D_1, E_1 もまた二つずつ互

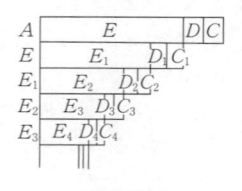

第16図

第17図

いに素であることが知られる．また，$A=C\cup D\cup E$により，A の像 E は，C, D, E の像の和となるから $E=C_1\cup D_1\cup E_1$．

今度は，C_1^g, D_1^g, E_1^g をそれぞれ C_2, D_2, E_2 とおく．さすれば，上と全く同様の理由から，これらは二つずつ互いに素．さらに $E=C_1\cup D_1\cup E_1$ により，E の像 E_1 は C_1, D_1, E_1 の像の和となるから $E_1=C_2\cup D_2\cup E_2$．

同様にして，C_2^g, D_2^g, E_2^g を C_3, D_3, E_3 とおけば，これらもまた二つずつ互いに素であって，かつ $E_2=C_3\cup D_3\cup E_3$．

以下かくのごとく進み，一般に，C_n, D_n, E_n がすでに定義されたならば，つぎには C_n^g, D_n^g, E_n^g をそれぞれ C_{n+1}, D_{n+1}, E_{n+1} とおく．さすれば，これらは二つずつ互いに素で，かつ $E_n=C_{n+1}\cup D_{n+1}\cup E_{n+1}$ となる．

明らかに

$C\sim C_1\sim C_2\sim\cdots\sim C_n\sim\cdots$
$D\sim D_1\sim D_2\sim\cdots\sim D_n\sim\cdots$
$E\sim E_1\sim E_2\sim\cdots\sim E_n\sim\cdots$
$E\supseteq E_1\supseteq E_2\supseteq\cdots\supseteq E_n\supseteq\cdots$．

いま，$M=\bigcap_{i=1}^{\infty} E_i$ とおけば，右図を参照して考えることにより，容易に

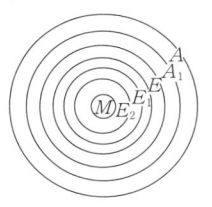

第18図

$A=M\cup(A-M)=M\cup(A-E)\cup(E-E_1)\cup(E_1-E_2)\cup\cdots$
$A_1=M\cup(A_1-M)=M\cup(A_1-E)\cup(E-E_1)\cup(E_1-E_2)\cup\cdots$
がえられる．しかるに，

$$A-E = C\cup D, \quad A_1-E = D, \quad E-E_1 = C_1\cup D_1,$$
$$E_1-E_2 = C_2\cup D_2, \quad E_2-E_3 = C_3\cup D_3, \quad \cdots.$$

よって,
$$A = M\cup C\cup D\cup C_1\cup D_1\cup C_2\cup D_2\cup \cdots$$
$$A_1 = M\cup C_1\cup D\cup C_2\cup D_1\cup C_3\cup D_2\cup \cdots.$$

しかして, これらの右辺の各項が, それぞれ二つずつ互いに素であることは明らかである. また, この二式の右辺で上下に対応する集合が互いに対等であることに注意しよう. いま, この上の方の集合から下の方の集合への一対一の対応をそれぞれ μ, γ_0, δ_0, γ_1, δ_1, γ_2, δ_2, $\cdots$ とする:

M	C	D	C_1	D_1	C_2	D_2	$\cdots$
$\downarrow\mu$	$\downarrow\gamma_0$	$\downarrow\delta_0$	$\downarrow\gamma_1$	$\downarrow\delta_1$	$\downarrow\gamma_2$	$\downarrow\delta_2$	
M	C_1	D	C_2	D_1	C_3	D_2	$\cdots$.

そうして, これらを全部寄せ集めて, A から A_1 へのつぎのような関数 h を考える:

$$h(x) = \begin{cases} \mu(x) & (x\in M \text{ のとき}) \\ \gamma_0(x) & (x\in C \text{ のとき}) \\ \delta_0(x) & (x\in D \text{ のとき}) \\ \gamma_n(x) & (x\in C_n \text{ のとき}) \\ \delta_n(x) & (x\in D_n \text{ のとき}). \end{cases}$$

さすれば当然, この h は A から A_1 への一対一の対応である. ゆえに, $A\sim A_1$ であることが確かめられた.

例 1. 閉区間 $[a, b]$ に対しては, $]a, b[\subset [a, b]\subset]a-1, b+1[$. よって $|]a, b[|\leqq |[a, b]|$ かつ $|[a, b]|\leqq |]a-1, b+1[|$. すなわち $\aleph \leqq |[a, b]|$, $|[a, b]|\leqq \aleph$. これより定理 2 によって,

$|[a, b]| = \aleph$ がえられる．同様にして，$a < x \leqq b$ なる実数 x の全体：$]a, b]$，および $a \leqq x < b$ なる実数 x の全体：$[a, b[$ の濃度も $\aleph$ であることがわかる．これらの集合をそれぞれ **右閉区間**，**左閉区間** という．

注意2． 定理2より，$a < b$ と $b < a$ とは両立しないことがわかる．なぜならば，これが両立するとすれば，当然 $a \leqq b$，$b \leqq a$ だから $a = b$ となって，$a < b$ と矛盾するからである．よって，どんな a，b に対しても，$a < b$，$a = b$，$a > b$ のうちのせいぜい一つしか成り立つことのできないことが知られる．しかし，そのうちのどれか一つが必ず成り立つものであるかどうかは，現在の段階ではまだわからない．これについては，のちに究明する．

問1°． $a < b$，$b \leqq c$ ならば $a < c$ であることを示せ．

問2． $a \leqq b$，$b < c$ ならば $a < c$ であることを示せ．

§3． 巾集合の濃度

本節では，いかなる濃度に対しても，それよりも大きい濃度が存在することを証明する．すなわち，つぎの定理が成立するのである：

定理4． 任意の集合 A の濃度は，A の部分集合の全体から成る集合，すなわち A の巾集合の濃度よりも小さい：
$$|A| < |2^A|.$$

注意1． すでに説明したように，濃度 n の有限集合 A の巾集合 2^A の濃度は 2^n に等しい（第1編，II，§7）．この場合には数学的帰納法によって，簡単に $|A| < |2^A|$ すなわち $n < 2^n$ であることが示される：

(1) $n = 0$ あるいは $n = 1$ ならば，それぞれ $0 < 1 = 2^0$，$1 < 2 = 2^1$ であるから，問題の式 $n < 2^n$ は正しい．

(2) 問題の式 $n<2^n$ は $n=k(\geqq 1)$ のとき正しいとする．すなわち $k<2^k$ であったと仮定する．しからば $2^{k+1}=2^k\cdot 2=2^k+2^k>k+k\geqq k+1$．ゆえに $2^{k+1}>k+1$．すなわち，問題の式は $n=k+1$ のときも成立する．

これで，負ならざる任意の整数 n について $n<2^n$ であることが示されたことになる．

定理4は，集合 A が有限集合でない場合にも，同様のことが成り立つことを主張しているのである．

［定理の証明］ まず最初に，$|A|\leqq|2^A|$ であること，いい換えれば，2^A の中に A と対等な部分集合が存在することを示そう．

A の部分集合のうちで，元を一つしか含まないものの全体を A_1 とする．しからば当然 $A_1\subseteq 2^A$．いま，A の任意の元 a に $\{a\}$ なる A_1 の元を対応させることにすれば，これは A から A_1 への一対一の対応である．ゆえに $A\sim A_1$，すなわち $|A|\leqq|2^A|$．

つぎに，$|A|\neq|2^A|$ なること，つまり $A\sim 2^A$ でないことを証明する．

かりに，A から 2^A への一対一の対応 G があったものとしよう．A の任意の元 a の G による像 G_a は，当然 A の一つの部分集合である．したがって，それは a を含むか含まないかいずれかである．いま，G_a が a を含まないような a を全部集めて，A の部分集合 B を構成することにしよう．つまり，B は自分の像に含まれないような A の元の全体にほかならない．さて，この B はもちろん 2^A に属するから，A のある元 b の G による像 G_b になっているはずであ

る：$B=G_b$．そうすれば，この b は G_b には含まれない．なぜならば，b が G_b の元ならば，それは B の元であるから，B の定義によって，b は自分の像 G_b に含まれることができないはずだからである．ところが，b が G_b に含まれないとすると，b はその像に含まれないのであるから，それは B すなわち G_b の元でなくてはならぬという奇妙なことになる．これは，そもそも A から 2^A への一対一の対応 G があるとしたことから起った矛盾である．ゆえに $|A| \neq |2^A|$．

こうして，$|A| < |2^A|$ であることが示された．

注意2． 実は，すでにわれわれの知っている $\aleph_0 < \aleph, \aleph < \mathfrak{f}$ なる関係も，この定理の特別な場合にほかならないことが，のちに示される．つまり，自然数全体の集合 N の巾集合 2^N は連続体の濃度 $\aleph$ をもち，実数全体の集合 R の巾集合 2^R は関数の濃度 $\mathfrak{f}$ をもつことが証明されるのである．

注意3． この定理によって，有限濃度 $0, 1, 2, \cdots$ の場合と同様に，無限濃度にも限りなく多くの種類のあることが明らかにされる．つまり，N の濃度，N の巾集合の濃度，N の巾集合の巾集合の濃度，N の巾集合の巾集合の巾集合の濃度，$\cdots$ は，次々と大きくなっていく無限濃度の無限系列をつくるわけである．

注意4． 一般に，無限集合 A に対して $|A| < \mathfrak{a} < |2^A|$ なる濃度 $\mathfrak{a}$ が存在するかどうかを問う問題を**一般連続体問題**という．だがこれは，解決不能であることが知られている．これについては，付録 §3 の追記を見られたい．なお，注意2を考慮すれば，すでに述べた連続体問題は，この一般連続体問題において $A=N$ とした特別な場合にほかならない．

III. 濃度の和

有限の濃度，すなわち負でない整数に対しては，いわゆる"加法"の演算が考えられる．本章では，この概念を，有限とはかぎらない一般の濃度にまで拡張することを試みよう．

§1. 濃度の和の定義と性質

有限集合 A, B が互いに素で，かつ $|A|=m$, $|B|=n$ ならば，明らかに $|A+B|=m+n$ である．そこで，これをそのまま模倣してつぎの定義をおく：

定義． $\mathfrak{a}$, $\mathfrak{b}$ を任意の二つの濃度とする．このとき，$\mathfrak{a}=|A|$, $\mathfrak{b}=|B|$, $A \cap B = \emptyset$ なる集合 A, B をとって，その直和[6] $A+B$ をつくり，その濃度を $\mathfrak{a}$ と $\mathfrak{b}$ との**和**と称する．$\mathfrak{a}$ と $\mathfrak{b}$ との和は $\mathfrak{a}+\mathfrak{b}$ と記される．

注意 1． この定義が意味をもつためには，任意の濃度 $\mathfrak{a}$, $\mathfrak{b}$ に対して，$|A|=\mathfrak{a}$, $|B|=\mathfrak{b}$, $A \cap B = \emptyset$ なる集合 A, B のあることがわかっていなくてはならない．それは，つぎのように確かめられる：まず，濃度というものが，あらかじめ存在する集合につけられた目じるしである以上，$|A|=\mathfrak{a}$, $|B|=\mathfrak{b}$ なる A, B のあるのは当然のことである．これらがすでに $A \cap B = \emptyset$ をみたしていれば，それでもういうことはない．そうでないときは，$A \times \{1\} = A_1$, $B \times \{2\} = B_1$ とおく．しからば，直積の定義によって，A_1 は A の元 a と 1 とからつくられた順序対 $(a, 1)$ の全体で

---

6) 第1編，II，§5の注意1参照．

あり，B_1 は B の元 b と 2 とからつくられた順序対 $(b, 2)$ の全体である．いま，A の元 a に $(a, 1)$ なる A_1 の元を対応させることにすれば，これは一対一の対応であるから $|A_1|=|A|=\mathfrak{a}$．同様にして $|B_1|=|B|=\mathfrak{b}$．ところで，A_1 と B_1 とは共通の元をもち得ない．なぜならば，いかなる a, b についても，$1 \neq 2$ であるからには $(a, 1) \neq (b, 2)$ であるはずだからである．よって，このときは，A, B のかわりに A_1, B_1 をとればよい．

注意 2. (*)　$\mathfrak{a}=|A|$, $\mathfrak{b}=|B|$, $A \cap B = \emptyset$
なる集合 A, B は一般にはかぎりなくたくさんある．したがって，上の定義が意味をもつためには，(*) を満足するような A, B をいかに選んでも，$|A+B|$ がつねに一定であることが必要であろう．A, B の選び方によって $|A+B|$ がかわるようなことがあれば，$\mathfrak{a}+\mathfrak{b}$ が幾通りも出てくることになって不都合だからである．しかし，そのような心配のないことは，ただちに確かめられる：いま，$\mathfrak{a}=|A|=|A'|$, $\mathfrak{b}=|B|=|B'|$, $A \cap B = \emptyset$, $A' \cap B' = \emptyset$ とする．しからば，A から A' へ，B から B' へそれぞれ一対一の対応 f, g があるはずである．そこで，つぎのようにして $A+B$ から $A'+B'$ への関数 h を定義しよう：
$$h(x) = \begin{cases} f(x) & (x \in A \text{ のとき}) \\ g(x) & (x \in B \text{ のとき}). \end{cases}$$
そうすれば明らかに，この h は一対一の対応である．よって $|A+B|=|A'+B'|$．

上に定義された和が，有限濃度の和の拡張になっていることはいうまでもないであろう．

例 1.　任意の濃度 $\mathfrak{a}$ に対して $0+\mathfrak{a}=\mathfrak{a}+0=\mathfrak{a}$：$|A|=0$, $|B|=\mathfrak{a}$ なる A, B をとれば，当然 $A=\emptyset$ であるから $A \cap B = \emptyset$．また $A+B=B+A=B$．よって，$0+\mathfrak{a}=|A+B|=|B|=\mathfrak{a}$, $\mathfrak{a}+0=|B+A|=|B|=\mathfrak{a}$．

例 2.　$\aleph_0+\aleph_0=\aleph_0$：$|A|=|B|=\aleph_0$, $A \cap B = \emptyset$ とすれば，

$A+B$ は二つの可付番集合の和として可付番である．よって $\aleph_0+\aleph_0=|A+B|=\aleph_0$．

注意3． この例およびつぎの例によってもわかる通り，一般の濃度では，$\mathfrak{a}+\mathfrak{b}$ は $\mathfrak{a}$ や $\mathfrak{b}$ よりも大きくなるとはかぎらない．実は，このほかにも，一般の濃度は有限濃度と違ったいろいろの特異な性質をもっているのである．したがって，有限濃度からの類推でいろんなことを速断してはいけない．

例 3． $\aleph+\aleph=\aleph$：$|]0,\ 1[|=|]1,\ 2[|=\aleph$ かつ $]0,\ 1[\cap]1,\ 2[=\varnothing$ であるから，$\aleph+\aleph=|]0,\ 1[+]1,\ 2[|$．しかるに，$]0,\ 1[\subset]0,\ 1[+]1,\ 2[\subset]0,\ 2[$ であるから，$|]0,\ 1[|\le|]0,\ 1[+]1,\ 2[|\le|]0,\ 2[|$．よって，$\aleph\le\aleph+\aleph\le\aleph$．ゆえに $\aleph+\aleph=\aleph$．

注意4． のちに，一般の無限濃度 $\mathfrak{a}$ について，つねに $\mathfrak{a}+\mathfrak{a}=\mathfrak{a}$ が成り立つことを証明する．

定理1． 濃度の加法にはつぎのような性質がある：

(1) $\mathfrak{a}+\mathfrak{b}=\mathfrak{b}+\mathfrak{a}$

(2) $(\mathfrak{a}+\mathfrak{b})+\mathfrak{c}=\mathfrak{a}+(\mathfrak{b}+\mathfrak{c})$

(3) $\mathfrak{a}\le\mathfrak{a}'$ ならば $\mathfrak{a}+\mathfrak{b}\le\mathfrak{a}'+\mathfrak{b}$．

［証明］ (1) $|A|=\mathfrak{a}$，$|B|=\mathfrak{b}$，$A\cap B=\varnothing$ とすれば，$A+B=A\cup B=B\cup A=B+A$．ゆえに，$\mathfrak{a}+\mathfrak{b}=|A+B|=|B+A|=\mathfrak{b}+\mathfrak{a}$．

(2) $|A|=\mathfrak{a}$，$|B|=\mathfrak{b}$，$|C|=\mathfrak{c}$ とし，かつ $A\cap B=\varnothing$，$B\cap C=\varnothing$，$C\cap A=\varnothing$ とする（このような $A,\ B,\ C$ のあることは注意1と同様にして知られる）．しからば $|A+B|=\mathfrak{a}+\mathfrak{b}$．また，$(A+B)\cap C=(A\cup B)\cap C=(A\cap C)\cup(B\cap C)=\varnothing\cup\varnothing=\varnothing$ であるから $|(A+B)+C|=(\mathfrak{a}+\mathfrak{b})+\mathfrak{c}$．同様にして $|A+(B+C)|=\mathfrak{a}+(\mathfrak{b}+\mathfrak{c})$．ところが $(A+B)+C=A\cup B\cup C=A+(B+C)$．ゆえに，$(\mathfrak{a}+\mathfrak{b})$

$+ \mathfrak{c} = |(A+B)+C| = |A+(B+C)| = \mathfrak{a}+(\mathfrak{b}+\mathfrak{c})$.

(3) $|A'| = \mathfrak{a}'$, $|B| = \mathfrak{b}$, $A' \cap B = \emptyset$ なる A', B をとれば, $\mathfrak{a} \leq \mathfrak{a}'$ より, $A \subseteq A'$ かつ $|A| = \mathfrak{a}$ なる A がある. 明らかに $A \cap B = \emptyset$. ゆえに $|A+B| = \mathfrak{a}+\mathfrak{b}$, $|A'+B| = \mathfrak{a}'+\mathfrak{b}$. 一方 $A+B \subseteq A'+B$. よって $|A+B| \leq |A'+B|$. これより $\mathfrak{a}+\mathfrak{b} \leq \mathfrak{a}'+\mathfrak{b}$ をうる.

(1) を濃度の加法の交換法則という. これは濃度の加法に際して, 項の順序を自由に変えてもよいことを示している.

(2) を濃度の加法の結合法則という. これは, 濃度の加法においては, 括弧をどこへつけてもその答に変わりのないことを示している. したがって, 括弧を全然はぶいた $\mathfrak{a}+\mathfrak{b}+\mathfrak{c}$, $\mathfrak{a}+\mathfrak{b}+\mathfrak{c}+\mathfrak{b}$, …, 一般に $\mathfrak{a}_1+\mathfrak{a}_2+\cdots+\mathfrak{a}_n$ という書き方がゆるされる.

注意 5. $\mathfrak{a}_1+\mathfrak{a}_2+\cdots+\mathfrak{a}_n$ のかわりに, $\sum_{i=1}^{n} \mathfrak{a}_i$ と書くこともある.

注意 6. 上の結合法則の証明から, $\mathfrak{a}+\mathfrak{b}+\mathfrak{c}$ は, $|A| = \mathfrak{a}$, $|B| = \mathfrak{b}$, $|C| = \mathfrak{c}$, $A \cap B = \emptyset$, $B \cap C = \emptyset$, $C \cap A = \emptyset$ なる A, B, C の和集合の濃度であることがわかる.

例 4. 任意の無限濃度 $\mathfrak{a}$ に対して $\aleph_0 + \mathfrak{a} = \mathfrak{a} + \aleph_0 = \mathfrak{a}$: $|A| = \mathfrak{a}$ とすれば, A は無限集合であるから, 可付番な部分集合 B をもっている. このとき, $A = (A-B)+B$ であるから, $\mathfrak{a} = |A| = |A-B|+|B| = |A-B|+\aleph_0$. よって, $\mathfrak{a} = |A-B|+\aleph_0 = |A-B|+(\aleph_0+\aleph_0) = (|A-B|+\aleph_0)+\aleph_0 = (|A-B|+|B|)+\aleph_0 = |A|+\aleph_0 = \mathfrak{a}+\aleph_0$. したがって $\aleph_0+\mathfrak{a} = \mathfrak{a}+\aleph_0 = \mathfrak{a}$.

例 5. 代数的数全体の集合を A, 超越数全体の集合を B とす

れば、A は可付番集合であり、B は無限集合である（85 ページ注意 2 参照）．また、$A \cap B = \emptyset$ かつ $A + B = R$（実数全体）．よって、$|B| = |B| + \aleph_0 = |B| + |A| = |R| = \aleph$. 同様にして、無理数全体の集合の濃度も $\aleph$ であることが示される．

問 1°. 任意の無限濃度を $\mathfrak{a}$，任意の有限濃度を n とすれば，$\mathfrak{a} + n = n + \mathfrak{a} = \mathfrak{a}$ であることを示せ．

問 2°. $\mathfrak{a} < \mathfrak{a}'$ でも $\mathfrak{a} + \mathfrak{b} < \mathfrak{a}' + \mathfrak{b}$ となるとはかぎらない．これを例によって示せ．

§2. 集合系

前節において，われわれは，有限個の濃度の和：$\mathfrak{a}_1 + \mathfrak{a}_2 + \cdots + \mathfrak{a}_n$ を定義した．今度は，これを拡張して，無限に多くの濃度の和というものを定義したいと思う．しかし，そのためには，いくつかの準備をしておいた方が便利なのである．それで，まず本節では，集合系なる概念を説明し，次節では，それを利用して，有限個の濃度の和の概念の分析を試みることにする．そして，しかるのちはじめて，目標の，無限に多くの濃度の和の定義にとりかかることにしよう．

一般に，n 個の集合 $A_1, A_2, \cdots, A_n$ が与えられたということは，1 には集合 A_1 が，2 には集合 A_2 が，$\cdots$，n には集合 A_n がそれぞれ付随せしめられたということにほかならない．よって，またそれは，$\{1, 2, \cdots, n\}$ なる集合からある集合族への一つの関数 A が指定されたこととも同じである．つまり，$A_1, A_2, \cdots, A_n$ のおのおのは，それぞれ $\{1, 2, \cdots, n\}$ の元 $1, 2, \cdots, n$ の，関数 A による像と見な

すことができる．

また，一つの集合の列 $A_1, A_2, \cdots, A_n, \cdots$ が与えられたということは，自然数全体の集合 $N=\{1, 2, \cdots, n, \cdots\}$ から，ある集合族への一つの関数 A が指定されたことと同じである．すなわち，その列における各項 A_i は，N の元 i の A による像と見なすことができる．

このような見地からすれば，"いくつかの集合が与えられた" とは，ある一つの空ならざる集合 I から，ある集合族への一つの関数が指定されたことにほかならない，とみることができるであろう．

一般に，空でない集合 I からある集合族への関数 A のことを，I の上の**集合系**といい

$$A_i \quad (i \in I)$$

としるす．

いうまでもなく，これは，集合 I の各元 i に A_i という集合を一つずつ付随せしめることの別名である．

さて，この用語を用いれば，"いくつかの集合を与える" ことは，ある一つの集合系を指定することと同じになる．たとえば，集合 $A_1, A_2, \cdots, A_n$ を与える，とは，$\{1, 2, \cdots, n\}$ の上の集合系 $A_i (i \in \{1, 2, \cdots, n\})$ を指定することにほかならず，集合の列 $A_1, A_2, \cdots, A_n, \cdots$ を与える，とは，自然数全体の集合 N の上の集合系 $A_i (i \in N)$ を指定することにほかならない．

ところで，集合 I の上の任意の集合系を $A_i (i \in I)$ とするとき，I の元 i の A による像の記号：A_i は，"i" という

"添え字"をもっている．したがって，集合 I は，その元の，関数 A による像の記号のもつ添え字全体の集合とみることができるであろう．この理由から，集合 I の上の集合系は，**I を添え字の集合とする集合系**といわれることも多い．

注意 1. 記号 $A_i (i \in I)$ における i は，他の文字 $j, k, \cdots; \lambda, \mu, \cdots$ などでおきかえてもよい．ただし，そのおきかえは，そこにおける二つの i について同時におこなわれなくてはならない．たとえば，$A_j (j \in I)$, $A_\lambda (\lambda \in I)$.

例 1. $N = \{1, 2, \cdots, n, \cdots\}$ の各元 i に対して $A_i = \{1, 2, \cdots, i\}$ とおけば，N を添え字の集合とする一つの集合系がえられる： $A_i (i \in N)$.

例 2. R を実数全体の集合とし，R の任意の元 x に対して $A_x = N$ とおく．そうすれば，R を添え字の集合とする一つの集合系がえられる： $A_x (x \in R)$.

例 3. 空ならざる任意の集合族を $\mathfrak{A}$ とし，$\mathfrak{A}$ の任意の元 X に対して $A_X = X$ とおく．しからば，$\mathfrak{A}$ を添え字の集合とする一つの集合系がえられる： $A_X (X \in \mathfrak{A})$.

I を添え字の集合とする集合系 $A_i (i \in I)$ が与えられたとき，集合 A_i を全部寄せ集めてできる集合，いいかえれば，少なくとも一つの A_i の元になるようなものの全体から成る集合を，集合系 $A_i (i \in I)$ の**和集合**といい

$$\bigcup_{i \in I} A_i$$

と書く．すなわち，$\bigcup_{i \in I} A_i = \{x \mid I$ のある元 i に対して $x \in A_i\}$ である．

これによれば，集合 $A_1, A_2, \cdots, A_n$ の和集合 $A_1 \cup A_2 \cup$

…$\cup A_n$ は,集合系 A_i ($i \in \{1, 2, \cdots, n\}$) の和集合と全く同じものである.つまり,この集合系の和集合の概念は,すでにわれわれの知っている和集合の概念の拡張にほかならない.

例4. 例1の集合系では $\bigcup_{i \in N} A_i = N$,また例2の集合系でも $\bigcup_{x \in R} A_x = N$ である.

注意2. $I = \{1, 2, \cdots, n, \cdots\}$ のときは,$\bigcup_{i \in I} A_i$ は $\bigcup_{i=1}^{\infty} A_i$,すなわち $A_1 \cup A_2 \cup \cdots \cup A_n \cup \cdots$ に等しい.

集合系 A_i ($i \in I$) が与えられたとき,すべての A_i に共通に含まれる元の全体から成る集合,すなわち $\{x \mid I$ のどの元 i に対しても $x \in A_i\}$ なる集合を,集合系 A_i ($i \in I$) の**共通部分**といい

$$\bigcap_{i \in I} A_i$$

と書く.これも,われわれのすでに知っている共通部分の概念の拡張である.

注意3. 例3の集合系の和集合および共通部分を,それぞれ集合族 $\mathfrak{A}$ の和集合,集合族 $\mathfrak{A}$ の共通部分といい,$\bigcup_{X \in \mathfrak{A}} X$,$\bigcap_{X \in \mathfrak{A}} X$ と書く.

問3°. $N = \{1, 2, \cdots, n, \cdots\}$ の各元 i に対して
$$A_i = \left\{ \frac{i(i-1)}{2} + 1, \frac{i(i-1)}{2} + 2, \cdots, \frac{i(i+1)}{2} \right\}$$
とおけば,N を添え字の集合とする一つの集合系がえられるが,これにおいて
(1) $i \in N$ ならば $|A_i| = i$,
(2) $i, j \in N$,$i \neq j$ ならば $A_i \cap A_j = \emptyset$,
(3) $\bigcup_{i \in N} A_i = N$

であることを示せ.

§3. 濃度の和の概念の分析

本節では，前にもいったように，有限個の濃度の和の概念を少し分析してみることにする.

二つの濃度 $\mathfrak{a}$, $\mathfrak{b}$ の和 $\mathfrak{a}+\mathfrak{b}$ とは，$|A|=\mathfrak{a}$, $|B|=\mathfrak{b}$, $A\cap B=\emptyset$ なる集合 A, B の和集合の濃度であった．また，三つの濃度 $\mathfrak{a}$, $\mathfrak{b}$, $\mathfrak{c}$ の和 $\mathfrak{a}+\mathfrak{b}+\mathfrak{c}$ は，$|A|=\mathfrak{a}$, $|B|=\mathfrak{b}$, $|C|=\mathfrak{c}$, $A\cap B=\emptyset$, $B\cap C=\emptyset$, $C\cap A=\emptyset$ なる A, B, C の和集合の濃度に等しい（§1, 注意6）.

さらに，たやすく知られるように，つぎのことが成立する：

(*) 有限個の濃度 $\mathfrak{a}_1$, $\mathfrak{a}_2$, $\cdots$, $\mathfrak{a}_n$ が与えられた場合，$|A_1|=\mathfrak{a}_1$, $|A_2|=\mathfrak{a}_2$, $\cdots$, $|A_n|=\mathfrak{a}_n$ で，かつどの二つも互いに素であるような任意の集合 A_1, A_2, $\cdots$, A_n をとれば，その和集合の濃度は $\mathfrak{a}_1+\mathfrak{a}_2+\cdots+\mathfrak{a}_n$ に等しい（任意の $\mathfrak{a}_1$, $\mathfrak{a}_2$, $\cdots$, $\mathfrak{a}_n$ に対して，このような集合 A_1, A_2, $\cdots$, A_n の存在することは，§1の注意1と同様にして知られる）.

いま，このことをもう少し別の形にいいかえることを試みよう：

前節で，われわれは，集合 A_1, A_2, $\cdots$, A_n が与えられたということを，$\{1, 2, \cdots, n\}$ を添え字の集合とする集合系，すなわち，集合 $\{1, 2, \cdots, n\}$ からある集合族への関数 A が指定されたことであると解釈した．それと同様に，上の (*) における "濃度 $\mathfrak{a}_1$, $\mathfrak{a}_2$, $\cdots$, $\mathfrak{a}_n$ が与えられた" という表

現は，集合 $\{1, 2, \cdots, n\}$ から，その元がみな濃度であるようなある集合への関数 $\mathfrak{a}$ が与えられたことであると解釈することができる．つまり，$\mathfrak{a}_i$ は $\{1, 2, \cdots, n\}$ の元 i の，関数 $\mathfrak{a}$ による像と見なすことができるであろう．

一般に，ある空ならざる集合 I から濃度を元とするある集合への関数 $\mathfrak{a}$ が与えられた場合，それを I の上の，あるいは I を**添え字の集合**とする**濃度系**といい

$$\mathfrak{a}_i \quad (i \in I)$$

としるす．

注意 1. $\mathfrak{a}_i (i \in I)$ における i は，集合系におけると同様に，他の文字でおきかえてもよい．ただし，その際，二つの i を同時におきかえなければならない．

例 1. $N = \{1, 2, \cdots, n, \cdots\}$ の各元 i に対して $\mathfrak{a}_i = i$（有限濃度）とおけば，N を添え字の集合とする一つの濃度系がえられる：$\mathfrak{a}_i (i \in N)$．これにおいては，$\mathfrak{a}_1 = 1, \mathfrak{a}_2 = 2, \cdots, \mathfrak{a}_n = n, \cdots$ である．

例 2. 実数全体の集合 R の各元 x に対して $\mathfrak{a}_x = \aleph_0$ とおく．しからば，R を添え字の集合とする一つの濃度系がえられる：$\mathfrak{a}_x (x \in R)$．

さて，この概念を用いれば，上の(*)における"濃度 $\mathfrak{a}_1, \mathfrak{a}_2, \cdots, \mathfrak{a}_n$ が与えられた"という表現は，これを $\{1, 2, \cdots, n\}$ を添え字の集合とする濃度系 $\mathfrak{a}_i (i \in \{1, 2, \cdots, n\})$ が指定されたことである，と解釈することができるであろう．さらに，一般に，有限個とはかぎらず，いくつかの濃度が与えられたということは，とりもなおさず，ある一つの濃度系が与えられたことであると見なすことができる．

また，上の (*) において，"$|A_1|=\mathfrak{a}_1$, $|A_2|=\mathfrak{a}_2$, $\cdots$, $|A_n|=\mathfrak{a}_n$ で，かつどの二つも互いに素であるような任意の集合 $A_1, A_2, \cdots, A_n$ をとる" とあるのは，明らかに，$\{1, 2, \cdots, n\}$ を添え字の集合とする集合系 A_i ($i\in\{1, 2, \cdots, n\}$) のうちで，つぎの二つの条件をみたすものをとるということにほかならない：

(a) $i\in\{1, 2, \cdots, n\}$ ならば $|A_i|=\mathfrak{a}_i$
(b) $i, j\in\{1, 2, \cdots, n\}$ かつ $i\neq j$ ならば $A_i\cap A_j=\emptyset$.

よって，結局，(*) はこれをつぎのようにいいなおすことができる：

$\{1, 2, \cdots, n\}$ を添え字の集合とする濃度系 $\mathfrak{a}_i$ ($i\in\{1, 2, \cdots, n\}$) が与えられたとき，条件 (a), (b) を満足するような，同じく $\{1, 2, \cdots, n\}$ を添え字の集合とする集合系 A_i ($i\in\{1, 2, \cdots, n\}$) を考える．しからば，この集合系の和集合 $\bigcup_{i=1}^{n} A_i$ の濃度は，ちょうど $\mathfrak{a}_1+\mathfrak{a}_2+\cdots+\mathfrak{a}_n$ に等しい．

§4. 濃度の和の拡張

前節の結果により，必ずしも有限個とはかぎらない濃度の和というものをいかに定義すればよいかは，ほとんど明らかであろう．すなわち，われわれは，前節最後の表現における集合 $\{1, 2, \cdots, n\}$ を，一般の集合 I でおきかえて，つぎのように定義する：

定義．任意の濃度系 $\mathfrak{a}_i$ ($i\in I$) に対して，つぎのような，I を添え字の集合とする集合系 A_i ($i\in I$) を考える：

(a) $i\in I$ ならば $|A_i|=\mathfrak{a}_i$

(b) $i, j \in I$, $i \neq j$ ならば $A_i \cap A_j = \emptyset$.

しかして，集合系 $A_i (i \in I)$ の和集合 $\bigcup_{i \in I} A_i$ の濃度を，濃度系 $\mathfrak{a}_i (i \in I)$ の**和**といい $\sum_{i \in I} \mathfrak{a}_i$ と書く．

例1. 前節例1の濃度系 $\mathfrak{a}_i (i \in N)$ に対して，前々節問3の集合系 $A_i (i \in N)$ は条件 (a), (b) を満足する．よって $\sum_{i \in N} \mathfrak{a}_i = |\bigcup_{i \in N} A_i| = |N| = \aleph_0$.

注意1. $I = \{1, 2, \cdots, n\}$ のときは，$\sum_{i \in I} \mathfrak{a}_i$ はもちろん $\mathfrak{a}_1 + \mathfrak{a}_2 + \cdots + \mathfrak{a}_n$ に等しい．また，$I = \{1, 2, \cdots, n, \cdots\}$ のときは，$\sum_{i \in I} \mathfrak{a}_i$ のかわりに $\sum_{i=1}^{\infty} \mathfrak{a}_i$ あるいは $\mathfrak{a}_1 + \mathfrak{a}_2 + \cdots + \mathfrak{a}_n + \cdots$ と書くこともある．これによれば，例1は，$\mathfrak{a}_i = i$ であるから

$$1 + 2 + 3 + \cdots + n + \cdots = \aleph_0$$

と書くことができる．

注意2. 一般に，集合系 $A_i (i \in I)$ が，$i \neq j$ ならば $A_i \cap A_j = \emptyset$ という条件をみたすとき，それは**素な集合系**であるといわれる．素な集合系 $A_i (i \in I)$ では，その和集合を $\sum_{i \in I} A_i$ と書いて，その**直和**ということもある．これを用いれば，上の濃度の和の定義は $|\sum_{i \in I} A_i| = \sum_{i \in I} |A_i|$ と書くことができる．

$I = \{1, 2\}$ の場合には，明らかに $\sum_{i \in I} A_i = A_1 + A_2$. すなわち，素な集合系の直和は，互いに素な集合の直和の概念の拡張である．$I = \{1, 2, \cdots, n\}$ のときは，$\sum_{i \in I} A_i$ のかわりに $\sum_{i=1}^{n} A_i$ あるいは $A_1 + A_2 + \cdots + A_n$；$I = \{1, 2, \cdots, n, \cdots\}$ のときは，$\sum_{i \in I} A_i$ のかわりに $\sum_{i=1}^{\infty} A_i$ あるいは $A_1 + A_2 + \cdots + A_n + \cdots$ と書くこともある．

注意3. 上の濃度の和の定義が意味をもつためには，どんな濃度系 $\mathfrak{a}_i (i \in I)$ に対しても，(a), (b) をみたすような集合系 $A_i (i \in I)$ がつねにつくれなくてはならない．しかしこれは，二つの濃度の和の場合と同様にして，たやすく保証される：まず，各 i に対して，$|A_i'| = \mathfrak{a}_i$ なる A_i' のあることは明らかである[7]．

---

7) Ⅰ，§2の注意2を参照．

これを用いて $A'_i \times \{i\} = A_i$ とおけば,たしかに $|A_i| = |A'_i| = \mathfrak{a}_i$ であって,かつ $i \neq j$ ならば $A_i \cap A_j = \emptyset$.よって,I の元 i にこの A_i を対応させればよい.

注意 4. 上の濃度の和の定義が意味をもつためには,二つの濃度の和の場合のように,条件 (a),(b) をみたすどんな集合系 $A_i (i \in I)$ をとっても,$\sum_{i \in I} A_i$ の濃度の一定であることが必要である.しかし,これも保証される:濃度系 $\mathfrak{a}_i (i \in I)$ に対して,(a),(b) をみたす二つの集合系を $A_i (i \in I)$,$B_i (i \in I)$ とすれば,$|A_i| = \mathfrak{a}_i = |B_i|$ であるから,A_i から B_i への一対一の対応 φ_i がある.いま,これをもとにして,$\sum_{i \in I} A_i$ から $\sum_{i \in I} B_i$ へのつぎのような関数 φ をつくろう:
$$\varphi(x) = \varphi_i(x) \quad (x \text{ が } A_i \text{ の元であるとき}).$$
しからば,当然 φ は一対一の対応である.よって $|\sum_{i \in I} A_i| = |\sum_{i \in I} B_i|$.

例 2. $N = \{1, 2, \cdots, n, \cdots\}$ の各元に対して $\mathfrak{a}_i = \aleph_0$ とおく.いま,この濃度系 $\mathfrak{a}_i (i \in N)$ に対して,(a),(b) をみたす集合系 $A_i (i \in N)$ を任意に取れば,各 A_i は可付番集合である:$A_i = \{a_{i1}, a_{i2}, \cdots, a_{in}, \cdots\}$.よって,その和集合 $\sum_{i \in N} A_i$ の元はつぎのような表の形に並べられる:

$$\begin{array}{cccccc}
a_{11} \rightarrow a_{12} & a_{13} & a_{14} & \cdots \\
a_{21} & a_{22} & a_{23} & a_{24} & \cdots \\
a_{31} & a_{32} & a_{33} & a_{34} & \cdots \\
a_{41} & a_{42} & a_{43} & a_{44} & \cdots \\
\cdots & \cdots & \cdots & \cdots
\end{array}$$

そこで,これらの元に矢印のような順序で番号をつけることにすれば,$\sum_{i \in N} A_i$ の可付番であることは一目瞭然である.ゆえに
$$\aleph_0 + \aleph_0 + \cdots + \aleph_0 + \cdots = |A_1 + A_2 + \cdots + A_n + \cdots| = \aleph_0.$$

この事実を"可付番集合の可付番個の和はまた可付番である"といい表わすことが多い．

問 4． 自然数の任意の列：$m_1, m_2, \cdots, m_n, \cdots$ に対して $m_1+m_2+\cdots+m_n+\cdots=\aleph_0$ が成り立つことを示せ．

問 5°． $\aleph+\aleph+\cdots+\aleph+\cdots=\aleph$ であることを証明せよ（実数全体の集合 R が，互いに素な区間の列を含むことを用いる）．

問 6°． I を添え字の集合とする二つの濃度系 $\mathfrak{a}_i(i\in I)$, $\mathfrak{b}_i(i\in I)$ があるとき，任意の i に対して $\mathfrak{a}_i\leqq\mathfrak{b}_i$ ならば，$\sum_{i\in I}\mathfrak{a}_i \leqq \sum_{i\in I}\mathfrak{b}_i$ となることを示せ．

問 7°． 例 2 における集合 $\sum_{i\in N}A_i$ の元 a_{ij} は，そこに示したような番号づけでは何番となるか．また，自然数 n を番号にもつ a_{ij} の i と j とは，n とどんな関係にあるか．

IV．濃度の積

　有限濃度，すなわち負ならざる整数の間には，いわゆる"乗法"の演算が定義される．本章では，これを一般の濃度にまで拡張しようと思う．

§1．濃度の積の定義と性質

　すでに述べたように，二つの集合 A, B の直積とは，A の元 a と B の元 b とからつくられる順序対 (a, b) の全体から成る集合のことである．そして，$|A|=m$, $|B|=n$ なる二つの有限集合 A, B の直積 $A\times B$ の濃度は，ちょうど mn に等しい（第 1 編，III，§5）．

　このことを参考として，一般の濃度の積をつぎのように定義する：

定義. $\mathfrak{a}$, $\mathfrak{b}$ を二つの濃度とする. このとき, $|A|=\mathfrak{a}$, $|B|=\mathfrak{b}$ なる任意の集合 A, B をとり, その直積 $A\times B$ の濃度を $\mathfrak{a}$ と $\mathfrak{b}$ との積という. $\mathfrak{a}$ と $\mathfrak{b}$ との積は, 普通 $\mathfrak{a}\times\mathfrak{b}$ または $\mathfrak{a}\mathfrak{b}$ としるされる:

$$\mathfrak{a}\times\mathfrak{b} = \mathfrak{a}\mathfrak{b} = |A\times B|.$$

具体的にいえば, それぞれ $|A|=\mathfrak{a}$, $|B|=\mathfrak{b}$ なる集合 A, B の元 a, b からつくられた順序対 (a, b) の全体の集合の濃度が $\mathfrak{a}\mathfrak{b}$ というわけである. この定義が, 有限濃度の積の拡張であることはいうまでもあるまい.

注意 1. この定義が意味をもつためには, $|A|=|A'|=\mathfrak{a}$, $|B|=|B'|=\mathfrak{b}$ のとき, つねに $|A\times B|=|A'\times B'|$ となることが必要である. しかし, これはつぎのようにして確かめられる: $A\sim A'$, $B\sim B'$ であるから, A から A' への一対一の対応 f, B から B' への一対一の対応 g が存在する. いま, $A\times B$ から $A'\times B'$ へのつぎのような関数 h を考えよう:

$$h((a, b)) = (f(a), g(b)) \quad ((a, b)\in A\times B).$$

しからば, 容易に確かめられるように, この関数 h は一対一. よって $|A\times B|=|A'\times B'|$ である.

定理 1. 濃度の積はつぎの関係を満足する:

(1) $\mathfrak{a}\mathfrak{b}=\mathfrak{b}\mathfrak{a}$

(2) $\mathfrak{a}(\mathfrak{b}\mathfrak{c})=(\mathfrak{a}\mathfrak{b})\mathfrak{c}$

(3) $\mathfrak{a}(\mathfrak{b}+\mathfrak{c})=\mathfrak{a}\mathfrak{b}+\mathfrak{a}\mathfrak{c}$

(4) $\mathfrak{a}\leq\mathfrak{a}'$ ならば $\mathfrak{a}\mathfrak{b}\leq\mathfrak{a}'\mathfrak{b}$.

[証明] (1) $|A|=\mathfrak{a}$, $|B|=\mathfrak{b}$ なる A, B をとれば, $\mathfrak{a}\mathfrak{b}=|A\times B|$ かつ $\mathfrak{b}\mathfrak{a}=|B\times A|$. よって $A\times B\sim B\times A$ なることを示せばよい. しかるに, $A\times B$ の元 (a, b) に

$B \times A$ の元 (b, a) を対応させる関数はたしかに一対一である. ゆえに $A \times B \sim B \times A$.

(2)　$|A|=\mathfrak{a}$, $|B|=\mathfrak{b}$, $|C|=\mathfrak{c}$ なる A, B, C をとれば
$$\mathfrak{a}\mathfrak{b} = |A \times B|, \quad (\mathfrak{a}\mathfrak{b})\mathfrak{c} = |(A \times B) \times C|$$
$$\mathfrak{b}\mathfrak{c} = |B \times C|, \quad \mathfrak{a}(\mathfrak{b}\mathfrak{c}) = |A \times (B \times C)|.$$
しかるに, $(A \times B) \times C$ の元 $((a, b), c)$ に $A \times B \times C$ の元 (a, b, c) を対応させる関数は一対一である. ゆえに $(A \times B) \times C \sim A \times B \times C$. 同様にして $A \times (B \times C) \sim A \times B \times C$. これより
$$(\mathfrak{a}\mathfrak{b})\mathfrak{c} = |(A \times B) \times C| = |A \times B \times C|$$
$$= |A \times (B \times C)| = \mathfrak{a}(\mathfrak{b}\mathfrak{c})$$
であることがわかる.

(3), (4) の証明は本節末の問とするから, 読者自ら試みてみられたい.

(1) を濃度の積の交換法則という. これは, 濃度の乗法においては, 項の順序を自由に変えてもよいことを示している.

(2) を濃度の積の結合法則という. これによって, 濃度の積においては, 括弧をどこへつけてもその答に変わりのないことが保証される. したがって, 括弧を全然省いてしまって, $\mathfrak{a}\mathfrak{b}\mathfrak{c}$, $\mathfrak{a}\mathfrak{b}\mathfrak{c}\mathfrak{d}$, … のように書いても誤解の生じるおそれがない.

注意 2. 定理 1 の (2) の証明からもわかるように, $\mathfrak{a}\mathfrak{b}\mathfrak{c}$ は $|A|=\mathfrak{a}$, $|B|=\mathfrak{b}$, $|C|=\mathfrak{c}$ なる集合 A, B, C の直積 $A \times B \times C$ の濃度に等しい. 同様にして, $\mathfrak{a}_1, \mathfrak{a}_2, \cdots, \mathfrak{a}_n$ を任意の濃度とすると

き, $a_1 a_2 \cdots a_n$ は $|A_1|=a_1$, $|A_2|=a_2$, $\cdots$, $|A_n|=a_n$ なる集合 A_1, A_2, $\cdots$, A_n の直積 $A_1 \times A_2 \times \cdots \times A_n$ の濃度に等しいことが示される.

(3)を濃度の積の和に関する分配法則という.

例1. 任意の濃度 a に対して $0a=a0=0$：$|A|=0$, $|B|=a$ とすれば $A=\emptyset$. したがって, A の元と B の元とからつくられる順序対は存在しない. つまり $A \times B=\emptyset$. よって, $a0=0a=0$.

例2. 任意の濃度 a に対して $1a=a1=a$ である：$A=\{1\}$ とおけば $|A|=1$. いま, $|B|=a$ なる B をとって $A \times B$ をつくれば, その元は, 1 と B の元 b とからつくられた順序対 $(1, b)$ である. そこで, B の元 b に $(1, b)$ なる $A \times B$ の元を対応させることにすれば, これは明らかに一対一. ゆえに $B \sim A \times B$. したがって $a=1a=a1$.

例3. $\aleph_0 \aleph_0 = \aleph_0$：$A=\{a_1, a_2, \cdots, a_n, \cdots\}$, $B=\{b_1, b_2, \cdots, b_n, \cdots\}$ とすれば, $|A|=|B|=\aleph_0$. このとき, $A \times B$ の元は, つぎのような表の形に配列することができる：

$$\begin{array}{cccc}
(a_1, b_1) \rightarrow (a_1, b_2) & (a_1, b_3) & \cdots \\
(a_2, b_1) & (a_2, b_2) & (a_2, b_3) & \cdots \\
(a_3, b_1) & (a_3, b_2) & (a_3, b_3) & \cdots \\
\cdots\cdots & \cdots\cdots & \cdots\cdots & \cdots.
\end{array}$$

これにおいて, 例のごとく矢印のような順番に番号をつけて行けば, ただちに $A \times B$ の可付番であることがわかる. よって $\aleph_0 \aleph_0 = |A \times B| = \aleph_0$.

例4. $\aleph\aleph=\aleph$：A, B をともに開区間 $]0, 1[$ とすれば, $|A|=|B|=\aleph$. このとき, $A \times B$ は平面上の図のような正方形の内部である. この中の点を (a, b) とすれば, a, b はともに

$$0.a_1 a_2 \cdots a_n \cdots, \quad 0.b_1 b_2 \cdots b_n \cdots$$

なる無限小数の形にただ一通りに展開することができる[8]．いま，この点 (a, b) に $0.a_1b_1a_2b_2\cdots a_nb_n\cdots$ なる実数を対応させるような（$A \times B$ から実数全体の集合 R への）関数 f を考えよう．しからば，この f によって，違う二点にはつねに違う実数が対応する．したがって，$A \times B$ は実数全体の集合 R のある部分集合（すなわち $(A \times B)^f$）と対等である．ゆえに $\aleph\aleph = |A \times B| \leq |R| = \aleph$．一方，$\aleph = 1 \cdot \aleph \leq \aleph\aleph$．これより，$\aleph\aleph = \aleph$ が知られる．

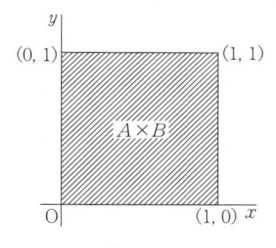

第19図

本例は，$R \times R$ すなわち平面が，R すなわち直線と対等であることを示している．

例 5. $\mathfrak{f}\mathfrak{f} = \mathfrak{f}$：任意の右閉区間は実数全体の集合 R と対等であるから，右閉区間から R への関数全体の集合の濃度は $\mathfrak{f}$ である．いま，右閉区間 $]0, 1]$ から R への関数全体の集合を A とし，右閉区間 $]1, 2]$ から R への関数全体の集合を B とする．しからば，$|A| = |B| = \mathfrak{f}$，$|A \times B| = \mathfrak{f}\mathfrak{f}$．以下に，$A \times B$ が，$]0, 2]$ から R への関数全体の集合 C と対等であることを示す：$A \times B$ の元 (f, g) における f は，$]0, 1]$ で定義された関数であり，また g は $]1, 2]$ で定義された関数である．よって，これを寄せ集めて，$]0, 2]$ から R へのつぎのような関数，すなわち C の元をつくることができる（右図参照）：

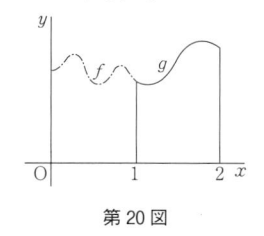

第20図

---

8) 84ページ脚注を参照.

$$h(x) = \begin{cases} f(x) & (x\in]0,\ 1] \text{ のとき}) \\ g(x) & (x\in]1,\ 2] \text{ のとき}). \end{cases}$$

この際,違う順序対 $(f,\ g)$ からつねに違う h の得られることは明らかであり,また,C のどの元もこのようにして得られることも当然である.よって,$A\times B$ の元 $(f,\ g)$ に,このようにしてつくられた C の元 h を対応させるところの関数は一対一.ゆえに

$$\mathfrak{f}\mathfrak{f} = |A\times B| = |C| = \mathfrak{f}.$$

注意 3. のちに,任意の無限濃度 $\mathfrak{a}$ に対して $\mathfrak{a}\mathfrak{a}=\mathfrak{a}$ であることを証明する.

問 1°. 定理 1 の (3),(4) を証明せよ.

問 2. 数学的帰納法により,任意の自然数 n について,つぎの式の成り立つことを示せ:

(1) $n\mathfrak{a} = \overbrace{\mathfrak{a}+\mathfrak{a}+\cdots+\mathfrak{a}}^{n}$

(2) $n\aleph_0 = \aleph_0$

(3) $n\aleph = \aleph$.

問 3°. $\aleph_0 \aleph = \aleph$ であることを証明せよ.

問 4. n を任意の自然数とすれば,$\mathfrak{f} = n\mathfrak{f} = \aleph_0\mathfrak{f} = \aleph\mathfrak{f}$ であることを示せ.

問 5. 数学的帰納法により,$\overbrace{\aleph_0\aleph_0\cdots\aleph_0}^{n} = \aleph_0$,$\overbrace{\aleph\aleph\cdots\aleph}^{n} = \aleph$ であることを示せ.

注意 4. 周知のごとく,空間の点は三つの実数から成る座標 $(x,\ y,\ z)$ によって表わされる.すなわち,空間は $R\times R\times R$ なる集合と同一視することができる.ところで,問 5 によれば $|R\times R\times R| = \aleph\aleph\aleph = \aleph$.すなわち,空間は直線と対等である.一般に,$\overline{R\times R\times\cdots\times R}$ を **n 次元ユークリッド空間** という.問 5 は,これらがすべて直線と対等であることを示している(明らかに,平面は二次元の,空間は三次元のユークリッド空間である).

注意5. n 次元ユークリッド空間 $R \times R \times \cdots \times R$ は，n 個の実数 $x_1, x_2, \cdots, x_n$ からつくられた順序のある組 $(x_1, x_2, \cdots, x_n)$ の全体である．$x_1, x_2, \cdots, x_n$ がすべて有理数のとき，$(x_1, x_2, \cdots, x_n)$ を**有理点**，$x_1, x_2, \cdots, x_n$ がすべて整数のとき，$(x_1, x_2, \cdots, x_n)$ を**格子点**という．

問6. n 次元ユークリッド空間の有理点全体の集合，および格子点全体の集合は可付番であることを証明せよ．

§2. 和と積との関係

有限濃度 m と n との積 mn は "n を m 個加えたもの" である．これを，もっとくわしくいえば，つぎのようになるであろう：

濃度 m をもつ集合，たとえば $\{1, 2, \cdots, m\}$ の各元 i に，それぞれ一つずつ濃度 n が付随せしめられた場合，その付随せしめられた n を全部加えれば，それは mn に等しい．

つまり，集合 $\{1, 2, \cdots, m\}$ を添え字の集合とする濃度系 $\mathfrak{b}_i (i \in \{1, 2, \cdots, m\})$ が，i のいかんにかかわらず $\mathfrak{b}_i = n$ を満足するならば，その和 $\sum_{i=1}^{m} \mathfrak{b}_i$ は mn に等しいというわけである．

以下に，これが一般の濃度についても成り立つことを証明しよう：

定理2. $\mathfrak{a}, \mathfrak{b}$ を二つの濃度とし，$\mathfrak{a} > 0$ とする．このとき，$|I| = \mathfrak{a}$ なる集合 I を添え字の集合とする濃度系 $\mathfrak{b}_i (i \in I)$ が，i のいかんにかかわらず $\mathfrak{b}_i = \mathfrak{b}$ を満足するならば，その濃度系の和は $\mathfrak{a}\mathfrak{b}$ に等しい：

$$\sum_{i\in I}\mathfrak{b}_i = \mathfrak{ab}.$$

［証明］ I の各元 i に $|B_i|=\mathfrak{b}_i=\mathfrak{b}$ なる集合 B_i を対応させ，かつ $i \neq j$ ならば $B_i \cap B_j = \emptyset$ となるようにする．しからば，濃度系の和の定義によって

$$\sum_{i\in I}\mathfrak{b}_i = |\sum_{i\in I}B_i|.$$

つぎに，$|B|=\mathfrak{b}$ なる任意の集合 B をとる．さすれば，I の任意の元 i に対して $B \sim B_i$．したがって，B から B_i への一対一の対応が少なくとも一つ存在する．その一つを φ_i とおく．ここで，$I \times B$ をつくろう．そして，その元 (i, b) に $\varphi_i(b)$ を対応させるような，$I \times B$ から $\sum_{i \in I} B_i$ への関数 φ を考える：

$$\varphi((i, b)) = \varphi_i(b).$$

しからば，これは明らかに一対一の対応である．よって

$$\sum_{i\in I}\mathfrak{b}_i = |\sum_{i\in I}B_i| = |I \times B| = \mathfrak{ab}.$$

注意 1. この定理を "$\mathfrak{a}$ と $\mathfrak{b}$ との積 $\mathfrak{ab}$ は $\mathfrak{b}$ の $\mathfrak{a}$ 個の和に等しい" ということがある．これは，定理の意味から考えて，きわめて妥当ないい方といえるであろう．

例 1. $\mathfrak{a}=n$（自然数），$I=\{1, 2, \cdots, n\}$ とおけば，定理は

$$\underbrace{\mathfrak{b}+\mathfrak{b}+\cdots+\mathfrak{b}}_{n} = \sum_{i=1}^{n}\mathfrak{b}_i = n\mathfrak{b}$$

となる．これは，すでにわれわれの知っている関係である．

例 2. $\mathfrak{a}=\aleph_0$，$I=\{1, 2, 3, \cdots\}$ とおけば，定理は

$$\mathfrak{b}+\mathfrak{b}+\mathfrak{b}+\cdots = \sum_{i=1}^{\infty}\mathfrak{b}_i = \aleph_0\mathfrak{b}$$

となる.これより

$$\aleph_0+\aleph_0+\aleph_0+\cdots = \aleph_0\aleph_0 = \aleph_0$$
$$\aleph + \aleph + \aleph + \cdots = \aleph_0\aleph = \aleph$$
$$\mathfrak{f} + \mathfrak{f} + \mathfrak{f} + \cdots = \aleph_0\mathfrak{f} = \mathfrak{f}$$

がえられる.

§3. 濃度の積の拡張

本節では,必ずしも有限個とはかぎらない任意個の濃度の積を定義しようと思う.

まず,濃度 $\mathfrak{a}$ と $\mathfrak{b}$ との積 $\mathfrak{ab}$ は,$|A|=\mathfrak{a}$,$|B|=\mathfrak{b}$ なる集合 A, B の直積 $A\times B$ の濃度であった.いま,この A と B との和集合 $A\cup B$ をつくり,集合 $\{1, 2\}$ から集合 $A\cup B$ への関数 f のうちで,それによる1の像 f_1 が A に属し,2の像 f_2 が B に属するようなものの全体 C を考えよう.しからば,$A\times B\sim C$ となることが示される:

$A\times B$ の元 (a, b) が与えられるということは,A の元 a と B の元 b とが与えられることと同じである.また,C の元,すなわち,$\{1, 2\}$ から $A\cup B$ への関数 f で,$f_1\in A$,$f_2\in B$ なるものが与えられるということは,これまた A の元 f_1 と B の元 f_2 とが与えられることと同じである.ゆえに,$A\times B$ の元を与えることと,C の元を与えることとは同じ効果をもち,したがってそれらは一対一に対応する.よって $A\times B\sim C$.

ゆえに,一般に,濃度 $\mathfrak{a}_1$, $\mathfrak{a}_2$ に対して,$|A_1|=\mathfrak{a}_1$,$|A_2|=$

$\mathfrak{a}_2$ なる集合 A_1, A_2 を選び, $\{1, 2\}$ から $A_1 \cup A_2$ への $f_1 \in A_1$, $f_2 \in A_2$ なる関数 f の全体の集合をつくれば, その濃度はちょうど $\mathfrak{a}_1 \mathfrak{a}_2$ に等しい.

同様に, 濃度 $\mathfrak{a}_1$, $\mathfrak{a}_2$, $\cdots$, $\mathfrak{a}_n$ に対して, $|A_1|=\mathfrak{a}_1$, $|A_2|=\mathfrak{a}_2$, $\cdots$, $|A_n|=\mathfrak{a}_n$ なる任意の集合 A_1, A_2, $\cdots$, A_n をとり, $\{1, 2, \cdots, n\}$ から $\bigcup_{i=1}^n A_i$ への, $f_1 \in A_1$, $f_2 \in A_2$, $\cdots$, $f_n \in A_n$ なる関数 f の全体の集合をつくれば, その濃度はちょうど $\mathfrak{a}_1 \mathfrak{a}_2 \cdots \mathfrak{a}_n$ に等しいことが示される.

これをいいかえれば, つぎのようになるであろう:

集合 $\{1, 2, \cdots, n\}$ を添え字の集合とする濃度系 $\mathfrak{a}_i (i \in \{1, 2, \cdots, n\})$ に対して, 同じく $\{1, 2, \cdots, n\}$ を添え字の集合とする集合系 $A_i (i \in \{1, 2, \cdots, n\})$ のうちで, 任意の i に対して $|A_i|=\mathfrak{a}_i$ となるようなものを考える. このとき, $\{1, 2, \cdots, n\}$ から $\bigcup_{i=1}^n A_i$ への関数 f で, どの i についても $f_i \in A_i$ となるようなものの全体の集合をつくれば, その濃度は $\mathfrak{a}_1 \mathfrak{a}_2 \cdots \mathfrak{a}_n$ に等しい.

一般に, I を添え字の集合とする集合系 $A_i (i \in I)$ が与えられたとき, I から $\bigcup_{i \in I} A_i$ への関数 f のうちで, $i \in I$ ならば必ず $f_i \in A_i$ となるようなものの全体を, 集合系 $A_i (i \in I)$ の **結合集合** といい

$$\prod_{i \in I} A_i$$

と書く. とくに, $I=\{1, 2, \cdots, n\}$ あるいは $I=\{1, 2, \cdots, n, \cdots\}$ のときは, $\prod_{i \in I} A_i$ と書くかわりに, それぞれ $\prod_{i=1}^n A_i$ あるいは $\prod_{i=1}^\infty A_i$ と書いてもよい.

注意1. 上に述べたことから明らかに，$\prod_{i=1}^{2}A_i$ は直積 $A_1\times A_2$ と対等；さらに一般に，$\prod_{i=1}^{n}A_i$ は直積 $A_1\times A_2\times\cdots\times A_n$ と対等である．この理由から，集合系の結合集合は，普通，集合系の**直積**とよびならわされている．しかし，本書では，混乱を避けるために，この言葉は用いない．

さて，上のことがらを基礎として，必ずしも有限個とはかぎらない任意個の濃度の積をつぎのように定義する：

定義． 濃度系 $\mathfrak{a}_i\,(i\in I)$ が与えられたとき，

(*)　　　　I の任意の元 i に対して $|A_i|=\mathfrak{a}_i$

となるような集合系 $A_i\,(i\in I)$ を考える．しかして，その結合集合 $\prod_{i\in I}A_i$ の濃度を，濃度系 $\mathfrak{a}_i\,(i\in I)$ の**積**といい，$\prod_{i\in I}\mathfrak{a}_i$ と書く：

$$\prod_{i\in I}\mathfrak{a}_i = \Big|\prod_{i\in I}A_i\Big|.$$

注意2. 上の定義が意味をもつためには，濃度系 $\mathfrak{a}_i\,(i\in I)$ に対して，(*)を満足する二つの集合系 $A_i\,(i\in I)$, $B_i\,(i\in I)$ をとった場合，つねに $|\prod_{i\in I}A_i|=|\prod_{i\in I}B_i|$ となることが必要である．しかし，これは簡単に証明される．読者は自ら試みてみられたい（節末の問7）．

注意3. $I=\{1, 2, \cdots, n\}$ のときは，$\prod_{i\in I}\mathfrak{a}_i$ は明らかに $\mathfrak{a}_1\mathfrak{a}_2\cdots\mathfrak{a}_n$ に等しい．これはまた $\prod_{i=1}^{n}\mathfrak{a}_i$ と書かれることがある．$I=\{1, 2, \cdots, n, \cdots\}$ のときは，$\prod_{i\in I}\mathfrak{a}_i$ のかわりに $\prod_{i=1}^{\infty}\mathfrak{a}_i$ または $\mathfrak{a}_1\mathfrak{a}_2\cdots\mathfrak{a}_n\cdots$ と書くこともある．

例1. $I=R$ とし，I の任意の元 i に対して $\mathfrak{a}_i=\aleph$ とおく．このときは，(*)をみたす集合系 $A_i\,(i\in I)$ として，i のいかんにかかわらず $A_i=R$ であるようなものをとることができる．さすれば，$\prod_{i\in R}A_i$ は，$I=R$ から $\bigcup_{i\in R}A_i$ すなわち R への関数 f のうち

で, $f_i \in A_i = R$ となるようなもの, つまり, R から R への関数全体の集合 F である. ゆえに, $\prod_{i \in R} \mathfrak{a}_i = |F| = \mathfrak{f}$.

問 7. 二つの集合系 $A_i (i \in I)$, $B_i (i \in I)$ において, I の元 i のいかんにかかわらず $|A_i| = |B_i|$ が成立するならば, $|\prod_{i \in I} A_i| = |\prod_{i \in I} B_i|$ であることを示せ.

問 8°. 二つの濃度系 $\mathfrak{a}_i (i \in I)$, $\mathfrak{b}_i (i \in I)$ において, I の元 i のいかんにかかわらず $\mathfrak{a}_i \leq \mathfrak{b}_i$ が成立するならば, $\prod_{i \in I} \mathfrak{a}_i \leq \prod_{i \in I} \mathfrak{b}_i$ であることを証明せよ.

V. 濃度の巾

有限濃度 m, n に対しては, n の m 乗:n^m を定義することができる. 本章では, この概念を一般の濃度にまで拡張することを試みよう.

§1. 巾の定義

m を自然数とし, n を負ならざる整数とする. しからば, n の m 乗:n^m は, n を m 個掛け合わせたものにほかならない. これをいいかえれば, つぎのごとくである:

集合 $\{1, 2, \cdots, m\}$ の各元にそれぞれ一つずつ濃度 n が付随せしめられているとする. このとき, それらの付随せしめられたすべての n を掛けあわせれば, その答は n^m に等しい.

これを一般化して, 一般の濃度の巾[9]をつぎのように定義する:

---

9) この巾のことを"累乗"ということもある.

定義. 二つの濃度を $\mathfrak{a}$, $\mathfrak{b}$ とし, $\mathfrak{a}>0$ とする. しかるとき, $|I|=\mathfrak{a}$ なる集合 I を添え字の集合とする濃度系 $\mathfrak{b}_i\,(i\in I)$ のうちで,

(*)　　　　　I の任意の元 i に対して $\mathfrak{b}_i=\mathfrak{b}$

となるようなものを考える. そうして, その積 $\prod_{i\in I}\mathfrak{b}_i$ を $\mathfrak{b}$ の $\mathfrak{a}$ 乗といい

$$\mathfrak{b}^{\mathfrak{a}}$$

と書く. また, 任意の濃度 $\mathfrak{b}$ に対して, 1 を $\mathfrak{b}$ の 0 乗といい, $\mathfrak{b}^0$ であらわす.

定義の意味を考えれば, $\mathfrak{b}^{\mathfrak{a}}$ は "$\mathfrak{b}$ を $\mathfrak{a}$ 個掛け合わせたもの" であるといってもよい. また, 上の定義が有限濃度の巾の定義の拡張になっていることは, 明らかであろう.

ところで, $\mathfrak{a}>0$ の場合, 濃度の積の定義によれば, (*) をみたすような濃度系 $\mathfrak{b}_i\,(i\in I)$ の積は, I の任意の元 i に対して $|B_i|=\mathfrak{b}_i=\mathfrak{b}$ となるような集合系 $B_i\,(i\in I)$ の結合集合: $\prod_{i\in I}B_i$ の濃度に等しい.

ここに, 結合集合 $\prod_{i\in I}B_i$ は, I から $\bigcup_{i\in I}B_i$ への関数 f のうちで, I のどの元 i についても, $f_i\in B_i$ となるようなものの全体である.

しかし, いまの場合, 集合系 $B_i\,(i\in I)$ に対する条件は, 任意の i に対してつねに $|B_i|=\mathfrak{b}$ となるべきことだけであるから, はじめからすべての B_i を, ある同じ一つの集合 B に等しくとっておくことができる.

そうすれば, $\bigcup_{i\in I}B_i=B$ であるから, $\prod_{i\in I}B_i$ はすなわち, I から B への関数 f のうちで $f_i\in B_i=B$ となるようなも

の，つまり I から B へのすべての関数の全体と一致することになる．

一般に，集合 X から集合 Y への関数全体の集合を，X の上の Y の**配置集合**といい，Y^X と書く．

上に得たことがらを，この言葉を使っていい表わせば，つぎの定理がえられる：

定理1． $\mathfrak{a}$ を 0 ならざる濃度，$\mathfrak{b}$ を任意の濃度とする．これに対して，$|A|=\mathfrak{a}$, $|B|=\mathfrak{b}$ なる任意の集合 A, B をとれば，A の上の B の配置集合 B^A の濃度は $\mathfrak{b}^\mathfrak{a}$ に等しい：
$$|B^A|=|B|^{|A|}.$$

例1． R から R への関数全体の集合 F はすなわち R^R である．しかるに，F の濃度は $\mathfrak{f}$ である．よって，$\aleph^\aleph=|R|^{|R|}=|R^R|=|F|=\mathfrak{f}$.

すでに，われわれは，A が濃度 n の有限集合の場合，その巾集合[10] 2^A の濃度が 2^n に等しいことを述べた．すなわち $|2^A|=2^{|A|}$ である．ところが実は，このことは任意の集合について成立するのである：

定理2． 任意の集合 A に対して $|2^A|=2^{|A|}$.

[証明] 集合 A から集合 $\{0, 1\}$ への関数の全体 $\{0, 1\}^A$ を考えれば
$$|\{0, 1\}^A| = |\{0, 1\}|^{|A|} = 2^{|A|}.$$
よって，定理を証明するためには，A の巾集合 2^A と集合 $\{0, 1\}^A$ とが対等であることをいえばよい．

一般に，$B \subseteq A$ であるとき，A から $\{0, 1\}$ への

---

10) 51 ページを参照．

$$f(x) = \begin{cases} 1 & (x \in B \text{ のとき}) \\ 0 & (x \notin B \text{ のとき}) \end{cases}$$

なる関数 f を，B の**特性関数**といい，χ_B と書く．しかるとき，記号 "χ" は，$B \subseteq A$ なる B，すなわち 2^A の元 B に対して，その特性関数 χ_B を対応させるところの（2^A から $\{0, 1\}^A$ への）一つの関数と考えることができる．

いま，これが一対一の対応であることを示そう：まず，2^A の元 B, C が互いに異なるならば，たとえば B に属して C に属さないような A の元 x がある．その x に対しては $\chi_B(x) = 1$ かつ $\chi_C(x) = 0$．よって $\chi_B \neq \chi_C$．すなわち，$B \neq C$ ならば $\chi_B \neq \chi_C$ である．つぎに，$\{0, 1\}^A$ の任意の元 f をとろう．いま，これに対して $\{x \mid f(x) = 1, x \in A\}$ なる集合を B とおけば，$x \in B$ ならば $f(x) = 1$，$x \notin B$ ならば $f(x) = 0$ となるから，$\chi_B = f$．ゆえに，$\{0, 1\}^A$ の元は，すべて 2^A の元の χ による像である．したがって χ は一対一．よって，$2^A \sim \{0, 1\}^A$ が得られる．

注意 1． まえに，任意の集合 A に対して $|A| < |2^A|$ であることを証明した．上に得られた結果によれば，これは，任意の濃度 $\mathfrak{a}$ に対して

$$\mathfrak{a} < 2^{\mathfrak{a}}$$

ということにほかならない．

§2. 巾の性質

本節では，巾の満足するいくつかの性質について述べたいと思う．

定理 3． 任意の濃度 $\mathfrak{a}$ に対して，つぎの関係が成立す

る：

$$(1) \quad \mathfrak{a}^1 = \mathfrak{a}, \qquad (2) \quad 1^{\mathfrak{a}} = 1.$$

[証明] (1) $|A|=\mathfrak{a}$ なる集合 A をとれば，$|A^{\{1\}}|=|A|^{|\{1\}|}=\mathfrak{a}^1$. よって，$A^{\{1\}} \sim A$ なることをいえばよい．集合 $\{1\}$ から A への関数 f は，それによる 1 の像が A のどの元であるかを指定すれば決定する．ゆえに，$A^{\{1\}}$ の元 f に，それによる 1 の像 f_1 を対応させることにすれば，これは $A^{\{1\}}$ から A への一対一の対応である．したがって $A^{\{1\}} \sim A$. よって $\mathfrak{a}^1 = \mathfrak{a}$.

(2) の証明は読者自ら試みてみられたい．

定理 4. $\mathfrak{a}^{\mathfrak{b}+\mathfrak{c}} = \mathfrak{a}^{\mathfrak{b}} \mathfrak{a}^{\mathfrak{c}}$.

[証明] $\mathfrak{b}=0$ あるいは $\mathfrak{c}=0$ ならば定理は明らかであるから，$\mathfrak{b}>0$, $\mathfrak{c}>0$ とする．$|A|=\mathfrak{a}$, $|B|=\mathfrak{b}$, $|C|=\mathfrak{c}$, $B \cap C = \emptyset$ なる集合 A, B, C をとろう．しからば

$$|A^B| = \mathfrak{a}^{\mathfrak{b}}, \quad |A^C| = \mathfrak{a}^{\mathfrak{c}},$$
$$|A^{B+C}| = \mathfrak{a}^{\mathfrak{b}+\mathfrak{c}}, \quad |A^B \times A^C| = \mathfrak{a}^{\mathfrak{b}} \mathfrak{a}^{\mathfrak{c}}.$$

よって，$A^B \times A^C \sim A^{B+C}$ なることをいえばよい．$A^B \times A^C$ の元を (f, g) とすれば，f は B から A への関数であり，g は C から A への関数である．そこで，いま，$B \cap C = \emptyset$ なることを用い，f と g とを寄せ集めて，$B+C$ から A へのつぎのような関数 h をつくろう：

$$h(x) = \begin{cases} f(x) & (x \in B \text{ のとき}) \\ g(x) & (x \in C \text{ のとき}). \end{cases}$$

しかして，$A^B \times A^C$ の任意の元 (f, g) に，かくしてつくられる A^{B+C} の元 h を対応させることにすれば，これが一対

一の対応となることはたやすく知られる．よって $A^B \times A^C \sim A^{B+C}$.

定理 5. $(\mathfrak{a}^\mathfrak{b})^\mathfrak{c} = \mathfrak{a}^{\mathfrak{bc}}$.

［証明］ $\mathfrak{b}=0$ あるいは $\mathfrak{c}=0$ ならば定理は明らかであるから，$\mathfrak{b}>0$, $\mathfrak{c}>0$ とする．$|A|=\mathfrak{a}$, $|B|=\mathfrak{b}$, $|C|=\mathfrak{c}$ なる A, B, C をとろう．しからば
$$|A^B| = \mathfrak{a}^\mathfrak{b}, \quad |(A^B)^C| = |A^B|^{|C|} = (\mathfrak{a}^\mathfrak{b})^\mathfrak{c},$$
$$|A^{C \times B}| = \mathfrak{a}^{\mathfrak{cb}} = \mathfrak{a}^{\mathfrak{bc}}.$$
よって，$(A^B)^C \sim A^{C \times B}$ なることをいえばよい．

$(A^B)^C$ の元 f は，C から A^B への関数である．よって，それは C の元 c に A^B の元 f_c を対応させるところの規則にほかならない．ところが，この f_c は，B から A への関数である．よってそれは，B の元 b に一つずつ A の元を対応させる規則である．

以上をまとめればつぎのようになる：$(A^B)^C$ の元 f が与えられるということは，まず C の元 c を選び，ついで B の元 b を選んだ場合，それらに応じてある A の元が定まるような，一つの規則が与えられることと同じである．

一方，$A^{C \times B}$ の元 g は，$C \times B$ から A への関数である．よって，それは，$C \times B$ の元 (c, b) に A の元を一つずつ対応させるところの規則にほかならない．ゆえに，$A^{C \times B}$ の元 g を与えるということは，まず C の元 c を選び，ついで B の元 b を選んだ場合，それらに対して A の元を一つずつ対応させるような規則を与えることと同じことである．

よって，$(A^B)^C$ の元を与えることと，$A^{C \times B}$ の元を与える

こととは，全く同じ効果をもち，したがって，$(A^B)^C$ の元と $A^{C\times B}$ の元とは一対一に相応ずることがわかる．ゆえに $(A^B)^C \sim A^{C\times B}$．

定理 6．　$(\mathfrak{a}\mathfrak{b})^{\mathfrak{c}} = \mathfrak{a}^{\mathfrak{c}}\mathfrak{b}^{\mathfrak{c}}$．

定理 7．　$\mathfrak{a} \leq \mathfrak{c}$，$\mathfrak{b} \leq \mathfrak{d}$ ならば $\mathfrak{a}^{\mathfrak{b}} \leq \mathfrak{c}^{\mathfrak{d}}$．

上の二つの定理の証明は本節末の問とするから，読者自ら試みてみられたい．

例 1．　n を 2 以上の有限濃度とすれば，$n^{\aleph_0} = \aleph_0^{\aleph_0} = \aleph^{\aleph_0} = \aleph$：

任意の二つの実数 a，b の間には少なくとも一つ有理数がある．たとえば，10.58… と 13.79… との間には 13 という有理数があり，また 0.213758… と 0.213761… との間には 0.21376 という有理数がある．他の場合でも同様である．

いま，任意の実数 a に対して $A_a = \{x \mid x$ は $x < a$ なる有理数$\}$ とおけば，$a \neq b$ ならば $A_a \neq A_b$．なぜならば：たとえば $a < b$ の場合には，$a < x < b$ なる有理数 x は A_b には属するが A_a には属さない．すなわち $A_a \neq A_b$．$a > b$ の場合も同様である．ゆえに，各実数 a に集合 A_a を対応させることにすれば，実数全体の集合 R は，有理数全体の集合 Q の巾集合 2^Q のある部分集合と対等となる．よって

(*)　　　$\aleph = |R| \leq |2^Q| = 2^{|Q|} = 2^{\aleph_0}$．

つぎに，自然数全体の集合 N から，$\{0, 1, 2, \cdots, 9\}$ なる集合——これを A とおく——への関数全体の集合：A^N を考える．この集合の元 a による N の元 1, 2, 3, … の像 $a_1, a_2, a_3, \cdots$ は，すべて 0 から 9 までの数であるから，これより

$$0.a_1 a_2 a_3 \cdots a_n \cdots$$

なる小数を定義することができる．いま，A^N の元のうち，それからこのようにしてつくられる小数が，有限小数[11]であるようなものの全体を B，無限小数であるようなものの全体を C としよ

う．しからば明らかに $B \cap C = \emptyset$, $B+C = A^N$.

さて，B の元からつくられた有限小数によって表わされる実数は，もちろん有理数であって，B の元が違えばその有理数も違っている．ゆえに，B は有理数全体の集合 Q のある部分集合と対等；したがってそれは高々可算である．しかるに，B は明らかに無限集合だから $|B| = \aleph_0$．

一方，C の元からつくられた無限小数の全体は，$0 < x \leq 1$ なる実数全体の集合 $]0, 1]$ と一致する．そして，C の元 a, b が違えば，それからつくられた小数も違っている．ゆえに $C \sim]0, 1]$．よって $|C| = \aleph$．

以上の二つにより，$10^{\aleph_0} = |A^N| = |B+C| = \aleph_0 + \aleph = \aleph$．したがって，(*) により $\aleph \leq 2^{\aleph_0} \leq 10^{\aleph_0} = \aleph$．ゆえに $\aleph = 2^{\aleph_0}$．

ここで，n を 2 以上の有限濃度とすれば
$$\aleph = 2^{\aleph_0} \leq n^{\aleph_0} \leq \aleph_0^{\aleph_0} \leq \aleph^{\aleph_0} = (2^{\aleph_0})^{\aleph_0} = 2^{\aleph_0 \aleph_0} = 2^{\aleph_0} = \aleph.$$
よって，$n^{\aleph_0} = \aleph_0^{\aleph_0} = \aleph^{\aleph_0} = \aleph$ となる．

例2. n を 2 以上の有限濃度とすれば，
$$n^{\aleph} = \aleph_0^{\aleph} = \aleph^{\aleph} = \mathfrak{f}^n = \mathfrak{f}^{\aleph_0} = \mathfrak{f}^{\aleph} = \mathfrak{f}:$$
$\aleph^{\aleph} = \mathfrak{f}$ であるから
$$\mathfrak{f} = \aleph^{\aleph} = (2^{\aleph_0})^{\aleph} = 2^{\aleph_0 \aleph} = 2^{\aleph} \leq n^{\aleph} \leq \aleph_0^{\aleph} \leq \mathfrak{f}^{\aleph}$$
$$= (\aleph^{\aleph})^{\aleph} = \aleph^{\aleph \aleph} = \aleph^{\aleph} = \mathfrak{f}, \quad \mathfrak{f} \leq \mathfrak{f}^n \leq \mathfrak{f}^{\aleph_0} \leq \mathfrak{f}^{\aleph}.$$
これよりただちに，所要の式がえられる．

問 1°． 定理 3 の (2) を証明せよ．

問 2°． 定理 6 を証明せよ．

問 3°． 定理 7 を証明せよ．

問 4°． $1 \cdot 2 \cdot 3 \cdots n \cdots = \aleph$ であることを示せ（左辺を $\aleph_0$ の階乗といい $\aleph_0!$ と書くことがある）．

---

11) ある桁から以後全部 0 であるような小数．

第3編 順 序 数

I. 順　　序

自然数全体の集合を N とすれば，

$$1, 2, 3, 4, 5, \cdots$$

は，N の元を小さいものから大きいものへと並べたものである．また，N の元を大きいものから小さいものへと並べれば

$$\cdots, 5, 4, 3, 2, 1$$

となる．さらに，まず偶数を小さいものから大きいものへと並べ，その右に，奇数をやはり小さいものから大きいものへと並べれば，その結果は

$$2, 4, 6, \cdots ; 1, 3, 5, \cdots$$

である．

このように，集合 N の元は，いろいろの仕方で，左から右へと一列に並べることができる．

ところで，たやすく知られるように，このことは集合 N にはかぎらない．すなわち，N 以外の集合でも，その元を一列に並べうる場合がある．また，その仕方が一通りとはかぎらない場合ももちろんある．

以下は，いわば，集合の元の，このような並べ方についての議論である．

§1. 順　　序

A を一つの集合とする．いま，A の元を左から右へと一列に並べた場合：

$$\cdots a \cdots b \cdots c \cdots,$$

元 a が元 b よりも左にあることを，かりに $a<b$ または $b>a$ と書くことにすれば，明らかにつぎの二つの条件がみたされる：

(1)　A のどの二元 a, b についても，

$$a<b, \quad a=b, \quad a>b$$

のどれか一つ，しかもただ一つだけが成立する．

(2)　$a<b, \ b<c$ ならば $a<c$．

逆に，集合 A の元の間に，"<" という記号で表わされるある関係が与えられていて，それが(1)，(2)の二つの条件をみたすとする．この場合

(*)　A の元 a, b の間に $a<b$ が成り立つとき a を b の左におく

という約束を設ければ，A の元はすべて左から右へと一列に並ぶであろう．ただし，もちろん，A の元は無限に多くあることもあるから，"実際に" そのように並べ切ることは不可能かもしれない．しかし，少なくとも，そのように並べたところを "想像" することはできるはずである．あるいは，もっと別の言葉でいえば，われわれが上の(*)という約束を設けたと同時に，A の元は——実際上はともかくとして——"原理的" にはすっかり並んでしまったのも同じである，と考えても，さして不都合なことはないであろう．

つまり，A の元を一列に並べるということは，A の元の間に，(1)，(2)の二つを満足するような関係 "$<$" を与えるのと同じであると見なされる．あるいは，むしろ，"(1)，(2)を満足する関係 $<$ を与える" というのは，われわれの頭の中に漠然とあるところの "一列に並べる" という観念を，明確な形に整理したものにほかならないというべきかもしれない．

一般に，集合 A の元の間の関係 "$<$" が条件(1)，(2)を満足する場合，これを A の上の**順序関係**，または簡単に**順序**という．

"$<$" が A の上の順序であるとき，A の元 a, b の間に $a<b$ が成り立つならば，a は b よりも（$<$ に関して）**前にある**，あるいは，b は a よりも（$<$ に関して）**後にある**，と称する．

例 1. 有限集合 $A=\{a_1, a_2, \cdots, a_n\}$ において，番号の小さい元は番号の大きい元よりも前にあるときめれば，すなわち，$i<j$ ならば $a_i<a_j$ と定義すれば，これは明らかに A の上の一つの順序である．

例 2. 自然数全体の集合 N において，$a<b$ であるとき a は b よりも前にある：$a<b$，と定義しよう．すなわち，$<$ を $<$ と解釈する．しからば，これは N の上の順序である．整数全体の集合 Z，有理数全体の集合 Q，実数全体の集合 R でも，同様にして一つの順序が得られる．

例 3. 集合 N において，$a>b$ であるとき a は b よりも前にある：$a<b$，と定義する．すなわち，$<$ を $>$ と解釈する：
$$\cdots<n<\cdots<5<4<3<2<1.$$

しからば、これは N の上の順序である。集合 Z, Q, R においても同様である。

例4. 自然数を
$$\cdots, 8, 6, 4, 2 ; 1, 3, 5, 7, \cdots$$
と並べ、自然数 a が自然数 b よりも左にあることを $a<b$ と書くことにすれば、これは N の上の順序である。また
$$2, 4, 6, 8, \cdots ; 1, 3, 5, 7, \cdots$$
と並べても、同様にして一つの順序が得られる。

例5. 平面 $R \times R$ 上の点 $(a, b), (a', b')$ に対して、つぎのように定義する:
 (1) $b<b'$ のときは、a, a' のいかんにかかわらず $(a, b)<(a', b')$.
 (2) $b=b'$ のときは、$a<a'$ の場合にかぎり $(a, b)<(a', b')$.
しからば、たやすく知られるように、$<$ は $R \times R$ の上の順序である。これによれば、平面上の点は、下にあるものほど前にあり、同じ高さにあるもの同士では、左にあるものほど前にあるということになる。

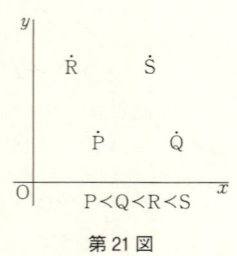

P<Q<R<S

第21図

例6. 自然数全体の集合 N の部分集合全体の集合、すなわち N の巾集合 2^N において、その元 X, Y が $X \subset Y$ をみたすとき $X<Y$ と定義すれば、これは順序ではないことが知られる。なぜならば、2^N には、$X=Y$ でも $X<Y$ でも $X>Y$ でもないような二元 X, Y が存在するからである。たとえば、$X=\{1\}, Y=\{2\}$.

注意1. 任意の集合をとるとき、その上に必ず順序があるものかどうか、すなわち、どの集合も、その元を一列に並べうるかどうかは、以上の議論だけではまだわからない。これについては、のちに究明する。

§2. 順序集合

ある集合の上に，一つの順序を固定して考えた場合，その集合を**順序集合**という．

前にも述べたように，集合の上に順序を与えることは，その集合の元を左から右へと一列に並べるのと同じ効果をもっている．この見地からすれば，順序集合とは"ある集合の元を一列に並べたもの"と同じ概念，あるいは，それを精密化したものにほかならない．

順序集合は，一つの集合とその上の一つの順序とを与えれば定まる．一般に，集合 A と順序 $<$ とから定まる順序集合を

$$(A, <)$$

と書く．順序集合 $(A, <)$ に対して，A をその基礎の集合，$<$ をその基礎の順序という．

例 1. 前節例 2，例 3 で述べた N の上の順序をそれぞれ $<_1$, $<_2$ とおく．そうすれば，$(N, <_1)$, $(N, <_2)$ は順序集合である．また，前節例 4 の二つの順序を $<_3$, $<_4$ とおけば，さらに二つの順序集合 $(N, <_3)$, $(N, <_4)$ が得られる．

例 2. 平面 $R \times R$ の上に前節例 5 における順序 $<$ を固定すれば，順序集合 $(R \times R, <)$ が得られる．

注意 1. 集合 A と，ある順序とからつくられた順序集合において，いかなる順序が固定されているかが明らかである場合，あるいは，それをいわなくても誤解を生じるおそれのない場合には，その順序集合を簡単に A と書くことが多い．

二つの順序集合 $(A, <)$, $(B, <')$ は，つぎの二つの条件がみたされるとき互いに**等しい**といわれ，$(A, <) =$

$(B, <')$ または $(B, <')=(A, <)$ としるされる：

(1) $A=B$,

(2) $<$ と $<'$ とは全く同じ順序である．すなわち，$A(=B)$ のどの二元 a, b についても，$a<b$ ならば $a<'b$ で，また $a<'b$ ならば $a<b$ である．

例3. 例1の四つの順序集合は，互いに(1)をみたすが(2)をみたさないから，どの二つも等しくない：

$$1<_1 2<_1 3<_1 4, \quad 4<_2 3<_2 2<_2 1,$$
$$4<_3 2<_3 1<_3 3, \quad 2<_4 4<_4 1<_4 3.$$

順序集合 $(A, <)$ は，いわば，A の元を順序 $<$ に従って左から右へと一列に並べたものである．ただし，前にも述べたように，その"並べる"というのは"原理的に並べる"ということで，実際にはその操作を遂行することの不可能であることが多い．

しかし，場合によっては，それが実際できることもあり，また，たとえできなくても，いくつかの元を並べ，あとの元のならび方は省略符号 "$\cdots$" でもってたやすく想像させうることもある．たとえば，$(N, <_1)$，$(N, <_2)$ などにおける元のならび方は，それぞれ

$$1, 2, 3, 4, 5, \cdots$$
$$\cdots, 5, 4, 3, 2, 1$$

という表現から，たやすく想像させうるであろう．

一般に，順序集合 $(A, <)$ における A の元の並び方が，

$$\cdots a \cdots b \cdots c \cdots$$

というような表現から，たやすく，しかもまちがいなく想

像しうる場合，$(A, <)$ のことを
$$(\cdots a \cdots b \cdots c \cdots)$$
で表わす．

例4． $(N, <_1) = (1, 2, 3, 4, 5, \cdots)$
$(N, <_2) = (\cdots, 5, 4, 3, 2, 1)$
$(N, <_3) = (\cdots, 6, 4, 2 ; 1, 3, 5, \cdots)$
$(N, <_4) = (2, 4, 6, \cdots ; 1, 3, 5, \cdots)$.

$(A, <)$ を順序集合とし，B を A の部分集合とする．しかるとき，B の元はすべて A の元であるから，それらは A の上の順序 $<$ によって一列に並べることができる．つまり，B の元 b, b' が A の元として $b < b'$ なる関係を満足するとき，$b <' b'$ と定義すれば，$<'$ は B の上の一つの順序である．

一般に，A の部分集合 B と，上のようにしてえられる順序 $<'$ とを組み合わせて得られる順序集合 $(B, <')$ を，$(A, <)$ の**部分順序集合**，または簡単に**部分集合**という．$(B, <')$ が $(A, <)$ の部分集合であることを
$$(B, <') \subseteq (A, <) \quad \text{または} \quad (A, <) \supseteq (B, <')$$
と書く．

明らかに，二つの順序集合 $(A, <)$, $(B, <')$ の間に $(B, <') \subseteq (A, <)$ が成立するための必要かつ十分な条件は，つぎの二つの事項がみたされることである：

(1) $B \subseteq A$,

(2) B の元 b, b' に対して，$b <' b'$ ならば $b < b'$ が成立する．

$(B, <') \subseteq (A, <)$ かつ $(B, <') \neq (A, <)$ のとき, $(B, <')$ は $(A, <)$ の**真部分順序集合**, または単に**真部分集合**といい

$(B, <') \subset (A, <)$ または $(A, <) \supset (B, <')$

と書く.

例5. $(2, 4, 6, 8, \cdots) \subset (1, 2, 3, 4, \cdots)$
$(1, 2, 3, 4, \cdots) \subset (\cdots, -3, -2, -1, 0, 1, 2, 3, \cdots)$.

例6. $(2, 4, 6, 8, \cdots)$ は $(\cdots, 8, 6, 4, 2 ; 1, 3, 5, 7, \cdots)$ の部分集合ではない. なぜならば, 前者では2は4よりも前にあるが, 後者では2は4よりも後にあるからである.

注意2. 一つの順序集合 $(A, <)$ を固定して考えているときは, その部分集合 $(B, <')$ を簡単に B と書くことが多い.

注意3. 空集合 $\emptyset$ には, 順序の定義のしようがない. したがって, これまでわれわれは, 暗黙のうちに, 空ならざる集合のみを考えてきたのである. しかし今後は, 便宜上, 空集合には, ある一つの内容のない順序があるものと約束し, これを $<_0$ と書く. そして, 順序集合 $(\emptyset, <_0)$ は, あらゆる順序集合の部分集合であると規約する. $(\emptyset, <_0)$ を**空順序集合**というが, 簡単に**空集合**といい, $\emptyset$ と書くことも多い.

問1°. $(A, <) \subseteq (B, <'), (B, <') \subseteq (C, <'')$ ならば, $(A, <) \subseteq (C, <'')$ であることを示せ.

問2. $(A, <) = (B, <')$ であるための必要かつ十分な条件は, $(A, <) \subseteq (B, <')$ かつ $(B, <') \subseteq (A, <)$ であることを示せ.

§3. 同 型

整数全体の集合を Z とし, Z の二元 a, b の間に $a < b$ が成立するとき $a <_5 b$ と書く. しからば, 前にも述べたよう

に，$<_5$ は Z の上の順序である．また，Z の元を

$$0, 1, 2, \cdots ; -1, -2, -3, \cdots$$

と並べ，Z の元 a が Z の元 b よりも左にあるとき $a <_6 b$ と書くことにすれば，これもまた Z の上の順序である．

いま，ここで

$$(N, <_3) = (\cdots, 4, 2, 1, 3, 5, \cdots)$$
$$(Z, <_5) = (\cdots, -2, -1, 0, 1, 2, \cdots)$$

なる二つの順序集合を比べてみれば，これらは明らかに，つぎのような仕方で重ね合わせることができる：

$$(N, <_3) = (\cdots, 2n, \cdots, 6, 4, 2, 1, 3, 5, \cdots, 2n+1, \cdots)$$
$$\downarrow \quad\quad \downarrow \quad\quad \downarrow \quad \downarrow \quad \downarrow\downarrow\downarrow \quad\quad\quad \downarrow$$
$$(Z, <_5) = (\cdots, -n, \cdots, -3, -2, -1, 0, 1, 2, \cdots, n, \cdots).$$

この際，N の元と Z の元とが一対一に対応し，しかも元の順番がみだされない——すなわち，N の元 a が N の元 b よりも前にあるならば，a に重なる Z の元 a' は，b に重なる Z の元 b' よりも前にある——ことは明らかである．同様にして，

$$(N, <_4) = (2, 4, 6, \cdots ; 1, 3, 5, \cdots)$$
$$(Z, <_6) = (0, 1, 2, \cdots ; -1, -2, -3, \cdots)$$

の二つも，元の順番をみだすことなく重ね合わせられる：

$$(N, <_4) = (2, 4, 6, \cdots, 2n, \cdots ; 1, 3, 5, \cdots, 2n-1, \cdots)$$
$$\downarrow \quad \downarrow\downarrow\downarrow \quad\quad \downarrow \quad\quad \downarrow \quad \downarrow \quad\quad\quad \downarrow$$
$$(Z, <_6) = (0, 1, 2, \cdots, n-1, \cdots ; -1, -2, -3, \cdots, -n, \cdots).$$

しかしながら，$(N, <_4)$ と $(N, <_3)$ とは，元の順番をくずさずには重ねられない．

$$(N, <_4) = (2, 4, 6, \cdots ; 1, 3, 5, \cdots)$$
$$(N, <_3) = (\cdots, x, \cdots, 4, 2, 1, 3, 5, \cdots)$$

なぜならば：たとえば，$(N, <_4)$ における 2 が，$(N, <_3)$ のどんな元 x と重なったとしても，x よりも左にある $(N, <_3)$ の元には——元の順番を変えないかぎり——重なるべき相手がないからである．

一般に，二つの順序集合 $(A, <)$，$(B, <')$ が，元の順序をみだすことなく，しかも元が一つずつ対応するように重ね合わせうる場合，それらは互いに同型または相似であるといわれる．より正確には，つぎのように定義する：

定義．$(A, <)$，$(B, <')$ を順序集合とするとき，つぎの条件をみたすような A から B への一対一の対応 φ のことを，$(A, <)$ から $(B, <')$ への**同型対応**という：

$a, b \in A$，$a < b$ ならば，$\varphi(a) <' \varphi(b)$.

$(A, <)$ から $(B, <')$ への同型対応が少なくとも一つあるとき，$(A, <)$ は $(B, <')$ に**同型**または**相似**であるといわれ

$$(A, <) \simeq (B, <')$$

としるされる．

以上の議論をよく考えてみれば，二つの順序集合の"同型"の概念，すなわち二つの順序集合を重ね合わせるという概念は，幾何学における二つの図形の"合同"という概念や"相似"という概念に，たいへんよく似ていることがみてとれるであろう．そこで，いまこの類推をもう一歩

おし進めることにすれば，二つの順序集合が同型であるとは，それらがいわば"同じ形"をしていることである，といい表わすことができるであろう．

定理1． （a） $(A, <)$ を順序集合とすれば，A の上の恒等関数 i_A は，$(A, <)$ から $(A, <)$ への同型対応である．

（b） $(A, <)$ から $(B, <')$ への同型対応を φ とすれば，φ^{-1} は $(B, <')$ から $(A, <)$ への同型対応である．

（c） $(A, <)$ から $(B, <')$ への同型対応を φ，$(B, <')$ から $(C, <'')$ への同型対応を ψ とすれば，ψ と φ との合成関数 $\psi\circ\varphi$ は $(A, <)$ から $(C, <'')$ への同型対応である．

定理2． つぎの関係が成立する：

(1) $(A, <) \simeq (A, <)$

(2) $(A, <) \simeq (B, <')$ ならば $(B, <') \simeq (A, <)$

(3) $(A, <) \simeq (B, <')$，$(B, <') \simeq (C, <'')$ ならば
$$(A, <) \simeq (C, <'').$$

以上二つの定理の証明は，読者自ら試みられたい．

例1． 本節冒頭に述べたように，

$(\cdots, 6, 4, 2, 1, 3, 5, \cdots) \simeq (\cdots, -2, -1, 0, 1, 2, \cdots)$.

また，

$(2, 4, 6, \cdots ; 1, 3, 5, \cdots) \simeq (0, 1, 2, \cdots ; -1, -2, -3, \cdots)$.

例2． やはり，本節冒頭に述べたように，$(2, 4, 6, \cdots ; 1, 3, 5, \cdots)$ と $(\cdots, 6, 4, 2, 1, 3, 5, \cdots)$ とは同型ではない．同様にして，$(1, 2, 3, 4, \cdots)$ と $(\cdots, 4, 3, 2, 1)$ とが同型でないことも知られる．

順序集合 $(A, <)$ において，最も前にある元，すなわち，いかなる元 x に対しても $a=x$ または $a<x$ となる元 a があるならば，これを $(A, <)$ の**最初の元**という．また，最

も後にある元，すなわち，いかなる元 x に対しても $x=a$ または $x<a$ となる元 a があるならば，これを $(A, <)$ の **最後の元** という．

$(A, <)$ の元 a, b, c が $a<b<c$ または $c<b<a$ なる関係にあるとき，b は（$<$ に関して）a と c との**間にある**といわれる．

例3. $(1, 2, 3, \cdots)$ においては 1 が最初の元で，最後の元はない．$(\cdots, 3, 2, 1)$ においては 1 が最後の元で，最初の元はない．$(\cdots, 6, 4, 2, 1, 3, 5, \cdots)$ には最初の元も最後の元もない．

例4. $(1, 2, 3, \cdots)$ においては，2 は 1 と 3 との間にある．また，$(2, 4, 6, 8, \cdots ; 1, 3, 5, \cdots)$ においては，6 は 4 と 1 との間にある．

定理3. φ を $(A, <)$ から $(B, <')$ への同型対応とする．しかるとき，$(A, <)$ に最初の元 a があれば，その像 $\varphi(a)$ はまた $(B, <')$ の最初の元である．同様に，$(A, <)$ に最後の元 b があれば，その像 $\varphi(b)$ は $(B, <')$ の最後の元となる．さらに，c が $<$ に関して d と e との間にあれば，$\varphi(c)$ は $<'$ に関して $\varphi(d)$ と $\varphi(e)$ との間にある．

［証明］ $(A, <)$ の最初の元を a とする．しかるとき，B の任意の元 x の φ による原像，すなわち $\varphi(y)=x$ なる元 y をとれば，$a=y$ または $a<y$．よって，$\varphi(a)=\varphi(y)=x$ または $\varphi(a)<'\varphi(y)=x$．ゆえに，$\varphi(a)$ は $(B, <')$ の最初の元である．$(A, <)$ の最後の元 b の像 $\varphi(b)$ が $(B, <')$ の最後の元であることも同様にして知られる．さらに，$d<c<e$ ならば $\varphi(d)<\varphi(c)<\varphi(e)$，また $e<c<d$ ならば

$\varphi(e) < \varphi(c) < \varphi(d)$. よって，$c$ が d と e との間にあれば，$\varphi(c)$ は $\varphi(d)$ と $\varphi(e)$ との間にある．

この定理は，二つの順序集合が同型であるかないかをためすのに有効に用いられる：

例5． 例2を再び考える：$(2, 4, 6, \cdots; 1, 3, 5, \cdots)$ には2という最初の元があるが，$(\cdots, 6, 4, 2, 1, 3, 5, \cdots)$ には最初の元がない．ゆえに，これらの順序集合は同型ではない．なぜならば，もしこれらが同型ならば，定理3によって，$(\cdots, 6, 4, 2, 1, 3, 5, \cdots)$ にも最初の元があることとなり，矛盾を生じるからである．$(1, 2, 3, \cdots)$ と $(\cdots, 3, 2, 1)$ とが同型でないことも，全く同様にして知られる．

例6． 有理数全体の集合を Q とし，その元 a, b の間に $a < b$ が成り立つとき $a < b$ とおく．さすれば，すでに述べたように $(Q, <)$ は順序集合である．ところで，この $(Q, <)$ は $(Z, <_5)$ $= (\cdots, -2, -1, 0, 1, 2, \cdots)$ と同型ではない．なぜならば：いま，$(Q, <)$ から $(Z, <_5)$ への同型対応 φ があるものとし，1および2の原像をそれぞれ a, b とおく．しからば，$a < \dfrac{a+b}{2} < b$. よって，$\varphi\left(\dfrac{a+b}{2}\right)$ は $\varphi(a)$ と $\varphi(b)$，すなわち1と2との間になくてはならない．しかしながら，$(Z, <_5) = (\cdots, -2, -1, 0, 1, 2, \cdots)$ にそのような元はない．これは矛盾である．よって，$(Q, <)$ と $(Z, <_5)$ とは同型ではない．

同様にして，$(Q, <)$ は $(N, <_1) = (1, 2, 3, 4, \cdots)$ とも同型でないことが知られる．

問3°． 順序集合は二つ以上の最初の元をもちえないことを示せ．また，二つ以上の最後の元ももちえないことを示せ．

問4°． 定理1を証明せよ．

問5． 定理1を用いて定理2を証明せよ．

問6． $(A, <) \simeq (B, <')$ ならば，$A \sim B$（対等）であることを

示せ.

問 7. 実数全体の集合を R とし,その元 a, b の間に $a<b$ が成立するとき $a<b$ とおく.さすれば,すでに述べたように $(R, <)$ は順序集合である.$(R, <)$ は $(Q, <)$ や $(Z, <_5)$ や $(N, <_1)$ と同型でないことを示せ(問 6 を用いる).

§4. 順 序 型

前編における"濃度"――集合の元の個数――の定義の仕方を想い起そう.その段取りはつぎのごとくであった:

(i) 二つの集合の元の個数が同じである――すなわち,それらが対等である――ということの定義をする.

(ii) あらゆる集合を対等なもの同士のグループに分ける.

(iii) 各集合に一つずつ目じるしを与え,同じグループの集合の目じるしは同じで,違うグループの集合の目じるしは違うようにする.

(iv) 各集合 A に与えられた目じるしを,その濃度とよぶことにし,$|A|$ と書く.

ところで,われわれは前節において,二つの順序集合が同型であることの定義を述べ,さらに,二つの順序集合が同型とは,いわばそれらが同じ形をしていることであると説明した.いいかえれば,われわれは

(i′) 二つの順序集合の形が同じである――すなわち,それらが同型である――ということの定義
をすでに知っているわけである.ところが,ただちに知られるように,これはまさしく,上の(i)に相当することが

らである．よって，ここで上の (ii), (iii) を模倣してつぎのように進もう：

(ii′) あらゆる順序集合を同型なもの同士のグループに分ける．

(iii′) 各順序集合に一つずつ目じるしを与え，同じグループの順序集合の目じるしは同じで，違うグループの順序集合の目じるしは違うようにする．

しからば，ここに，集合の元の個数の概念に対応して，いわば順序集合の"形"とでもいうべき概念が得られるはずである．

この概念を普通，順序型という．すなわち

(iv′) 各順序集合 $(A, <)$ に与えられた目じるしを，その**順序型**といい $\langle (A, <) \rangle$ と書く[1]．

順序型は，通常，$\alpha, \beta, \gamma, \cdots$ などのギリシャ小文字で表わされる．

例1. n を有限濃度とする．濃度 n の集合 A, B にそれぞれ順序 $<, <'$ を与えて順序集合 $(A, <), (B, <')$ をつくれば，これらはつねに同型である．なぜならば：A, B の元はそれぞれつぎのように並べられる．

$$A : a_1 < a_2 < \cdots < a_n, \quad B : b_1 <' b_2 <' \cdots <' b_n$$

よって，$\varphi(a_1) = b_1, \varphi(a_2) = b_2, \cdots, \varphi(a_n) = b_n$ なる φ は同型対応である．したがって $(A, <) \simeq (B, <')$．

これより，濃度 n の集合から得られる順序集合の順序型は，ただ一つしかないことが知られる．ゆえに，その順序型のことをふたたび n と書いても，誤解は生じない．

---

1) $\langle (A, <) \rangle$ のかわりに $\overline{(A, <)}$ と書くこともある．

一般に，濃度 $\mathfrak{a}$ の任意の集合 A からつくられた任意の順序集合 $(A, <)$ の順序型を $\mathfrak{a}$-順序型という．この言葉を用いれば，上に述べた事実はつぎのようにいい表わすことができる：n-順序型は一つしかない．

注意1. $\mathfrak{a}$ が無限濃度のときは，$\mathfrak{a}$-順序型は一つとはかぎらない．たとえば：$(N, <_1)=(1, 2, 3, \cdots)$ や $(N, <_2)=(\cdots, 3, 2, 1)$ や $(N, <_3)=(\cdots, 6, 4, 2, 1, 3, 5, \cdots)$ などは互いに同型ではないから，$\langle(N, <_1)\rangle$ や $\langle(N, <_2)\rangle$ や $\langle(N, <_3)\rangle$ などは，相異なる $\aleph_0$-順序型である．

また，われわれは，まだ，すべての集合の上に順序があるかどうかを知らないから，勝手に濃度 $\mathfrak{a}$ を与えても，濃度 $\mathfrak{a}$ をもつ順序集合をつくれるかどうかわからない．したがって，$\mathfrak{a}$-順序型があるかどうかわからないのである．しかし，のちにその存在が示される（第IV章）．

例2. $(N, <_1)=(1, 2, 3, \cdots)$ の順序型を ω と書く．$(2, 4, 6, \cdots)$ や $(1, 3, 5, \cdots)$ などは $(N, <_1)$ と同型であるから，その順序型は ω である．また，$(N, <_2)=(\cdots, 3, 2, 1)$ の順序型を ω^* と書く．$(\cdots, 6, 4, 2)$ や $(\cdots, 5, 3, 1)$ などの順序型は ω^* である．

例3. 整数全体の集合 Z，有理数全体の集合 Q，実数全体の集合 R において，元 a, b の間に $a<b$ が成り立つとき $a<b$ とおく．しからば，すでに何度も述べたように，$(Z, <)$ $(=(Z, <_5))$，$(Q, <)$，$(R, <)$ は順序集合である．これらの順序型をそれぞれ γ, η, λ と書く．$\omega, \omega^*, \gamma, \eta, \lambda$ はすべて相異なる順序型である．

問8°. $A\sim B$ かつ $\langle(A, <)\rangle=\alpha$ ならば，$\langle(B, <')\rangle=\alpha$ となるような B の上の順序 $<'$ があることを示せ．

注意2. この問により，各順序型 α には，ちょうど $\langle(A, <)\rangle=\alpha$ となるような順序集合 $(A, <)$ が，かぎりなくたくさんあることがわかる．便宜上われわれは，以下において，各 α に対し，$\langle(A, <)\rangle=\alpha$ となるような順序集合 $(A, <)$ が一つずつ代表と

して選ばれてあるものと仮定する.

問 9°. $(A, <) \subset (B, <')$ でも $\langle (A, <) \rangle = \langle (B, <') \rangle$ となることがある. そのような例をあげよ.

II. 整列集合

自然数全体の集合 N に，普通の大小の順序 "<" (すなわち $<_1$) を与えて得られる順序集合 $(N, <) = (1, 2, 3, 4, \cdots)$ は，いろいろの特異な性質をもっている. その一つとして，つぎのようなものがあげられる:

(*) その空ならざる部分 (順序) 集合は，すべて最初の元を有する.

[証明] $(N, <)$ の部分集合 M が最初の元をもたなければ，それは空集合でなくてはならないことを証明すればよい. そのためには，いかなる自然数も，その M の元でないことをいえば十分である. これを数学的帰納法で証明しよう. まず 1 は M の元ではない. そうでなければ, M は最初の元をもつことになって, 仮定に反するからである. さらに, n よりも小さいいかなる自然数も M の元でなければ, n もまた M の元ではあり得ない. なぜならば, n が M の元であれば, それは M の最初の元となって, これまた仮定に反するからである. ゆえに, いかなる自然数も M の元ではない.

性質 (*) をもつような順序集合は, 実は $(N, <)$ だけにはとどまらない. 本章では, そのようなものを一般に考察しようと思う.

なお，今後，順序集合を示すのに，誤解の生じないかぎり，$(A, <)$ と書くかわりに単に A と書くことにする．また，同じく誤解のおそれのないかぎり，与えられた順序は一律に "$<$" で表わすことにする．

§1. 整列集合

順序集合は，その空ならざるいかなる部分集合も最初の元をもつとき，**整列集合**であるという．空（順序）集合 $\emptyset$ は，便宜上整列集合の特別の場合であると考える．

整列集合の，空ならざる部分集合 B の最初の元を $\min B$ と書く．

例1． $(N, <) = (1, 2, 3, 4, \cdots)$ は整列集合である．

例2． 有限順序集合 $(a_1, a_2, \cdots, a_n)$ は，いつでも整列集合である．

例3． $(2, 4, 6, \cdots; 1, 3, 5, \cdots)$ は整列集合である：その部分集合 M が最初の元をもたなければ，空集合でなくてはならないことを証明する．まず，本章冒頭の $(N, <)$ の部分集合の場合のように，自然数 n についての数学的帰納法によって，いかなる偶数 $2n$ も M の元であり得ないことは明らかである．ところで，そうなれば今度は，全く同様にして，いかなる奇数 $2n-1$ も M の元でないことが知られる．これ，とりもなおさず，M が空集合ということにほかならない．

例4． $A = (\cdots, 4, 3, 2, 1)$ は整列集合ではない．なぜならば，A 自身 A の空ならざる部分集合であるが，これは最初の元をもたないからである．

例5． 有理数全体の集合 Q や実数全体の集合 R に，普通の大小の順序 $<$ を与えてえられる順序集合 $(Q, <)$, $(R, <)$ は整列

集合ではない．なぜならば，$(Q, <)$や$(R, <)$自身，最初の元をもたないからである．

つぎの三つの事項は有用である：

(a) 整列集合の部分集合は，また整列集合である．

［証明］ Aを整列集合とし，Bをその部分集合とする．もし，Bが空集合ならば，それは定義によって整列集合である．Bが空集合でないならば：Bの空ならざる部分集合Cをとるとき，$C \subseteq B$, $B \subseteq A$より$C \subseteq A$．よって，Cは最初の元を有する．したがって，Bは整列集合である．

(b) 整列集合に同型な順序集合は，また整列集合である．

［証明］ Aを整列集合とし，BをAと同型な順序集合とする．BからAへの同型対応をφとおく．いま，Bの空ならざる任意の部分集合Cに対して，そのφによる像C^{φ}を考えれば，これは整列集合Aの空ならざる部分集合として最初の元をもつ．しかるに，関数φの定義域をCに制限して考えれば容易にわかるように，$C^{\varphi} \simeq C$．よって，前章§3の定理3により，Cも最初の元をもつ．これ，Bが整列集合ということにほかならない．

(c) Aを整列集合とするとき，

$$a_1 > a_2 > \cdots > a_n > \cdots$$

となるようなAの元の列$a_1, a_2, \cdots, a_n, \cdots$は存在しない．

［証明］ もし，そのような列があれば，Aの部分集合$(\cdots, a_n, \cdots, a_2, a_1)$は最初の元をもたない．しかし，これは$A$が整列集合ということに矛盾する．

整列集合 A の元 a に対して，a よりも前にある元の全体から成る A の部分（順序）集合を，A の a による**切片**といい $A(a)$ と書く：
$$A(a) = \{x \mid x < a,\ x \in A\}.$$
$A(a)$ は A の部分集合として一つの整列集合である．また，明らかに，$a < b$ ならば $A(a) \subset A(b)$.

例6. $A = (2, 4, 6, \cdots ; 1, 3, 5, \cdots)$ とすれば
$\quad A(2) = \emptyset,\ A(4) = (2),\ A(6) = (2, 4),\ \cdots,$
$\quad A(1) = (2, 4, 6, \cdots),\ A(3) = (2, 4, 6, \cdots ; 1),$
$\quad A(5) = (2, 4, 6, \cdots ; 1, 3),\ \cdots.$

注意1. A の a による切片 $A(a)$ は a を含まないことに注意する．

つぎに，切片のもついくつかの性質をあげよう．

(d) A を整列集合とし，$a < b$ なる A の元 a, b をとれば，当然 $a \in A(b)$ である．このとき，$A(b)$ の a による切片 $A(b)(a)$ をつくれば，それは $A(a)$ と等しい：
$$A(b)(a) = A(a).$$

［証明］ $x \in A(b)(a)$ ならば $x < a$. ゆえに $x \in A(a)$. したがって $A(b)(a) \subseteq A(a)$. 逆に，$x \in A(a)$ ならば $x < a$. よって当然 $x < b$. したがって $x \in A(b)$ かつ $x < a$. ゆえに $x \in A(b)(a)$. これより $A(a) \subseteq A(b)(a)$ をうる．したがって $A(b)(a) = A(a)$. （$A(b)(a)$ と $A(a)$ における順序が一致することはいうまでもない．）

(e) 整列集合 A の切片 $A(a)$ のある元 b よりも小さい A の元は，また $A(a)$ に属する．すなわち，$b \in A(a)$,

$x<b$ ならば $x\in A(a)$ である.

[証明] $b\in A(a)$, $x<b$ ならば, $x<b$, $b<a$ より $x<a$. ゆえに $x\in A(a)$.

(f) B を整列集合 A の部分集合とする. このとき, B のどの元 b に対しても, それよりも小さい A の元がつねにまた B に属するならば, B は A と等しいか, さもなければ A のある切片 $A(a)$ と等しい (これは (e) の逆である).

[証明] $B\neq A$ のとき, $B=A(a)$ なる a のあることをいえばよい. B に属さない A の元のうちで最も前にあるものを a とする: $a=\min(A-B)$. しからば $x<a$ なる x は, もはや $A-B$ には属し得ないから $x\in B$. ゆえに $A(a)\subseteq B$. 逆に, B の任意の元 y をとれば $y<a$. なぜならば, もし $a<y$ または $a=y$ とすれば, B についての仮定から $a\in B$ となって, 矛盾を生じるからである. よって $B\subseteq A(a)$. ゆえに $B=A(a)$.

(g) φ を整列集合 A から整列集合 B への同型対応とする. しからば, A の任意の切片 $A(a)$ の φ による像 $A(a)^\varphi$ は, B の切片 $B(\varphi(a))$ に等しい.

[証明] $\varphi(a)=b$ とおく. $A(a)^\varphi=B(b)$ であることをいえばよい. まず, $y\in A(a)^\varphi$ ならば, y は $A(a)$ のある元 x の像である: $\varphi(x)=y$. しかるに, $x<a$ であるから $\varphi(x)<\varphi(a)$, すなわち $y<b$. ゆえに $y\in B(b)$. これより $A(a)^\varphi\subseteq B(b)$ をうる. つぎに, $y\in B(b)$ とすれば $y<b$. よって $\varphi^{-1}(y)<\varphi^{-1}(b)=a$. いま, $\varphi^{-1}(y)=x$ とおけば, $x<a$ か

つ $\varphi(x)=y$, すなわち $x\in A(a)$ かつ $\varphi(x)=y$. ゆえに $y\in A(a)^\varphi$. したがって $B(b)\subseteq A(a)^\varphi$. これより $B(b)=A(a)^\varphi$ が得られる.

問 1°. 正の有理数 α, β を既約分数 $\dfrac{q}{p}$, $\dfrac{q'}{p'}$ で表わし
(1) $p<p'$ ならば $\alpha<\beta$;
(2) $p=p'$, $q<q'$ ならば $\alpha<\beta$
と定義する.このとき,< は正の有理数全体の集合 A の上の順序であることを示せ.また,$(A, <)$ は整列集合であることを証明せよ.

問 2°. 整列集合 A の空ならざる部分集合 I を取り,I を添え字の集合とする集合系 $B_a (a\in I)$ をつぎのように定義する:
$$B_a = A(a).$$
さすれば,$\bigcup_{a\in I} B_a = \bigcup_{a\in I} A(a)$ は A に一致するか,さもなければ A の一つの切片に等しい.(これを "A の任意個の切片の和集合は,A かまたはある切片に等しい" といい表わす.)

§2. 整列集合の比較

つぎに述べる定理 1 は,整列集合の理論における最も基本的な命題である.本節では,これから整列集合のいくつかの性質を導き,それらを基礎として,いろいろの整列集合を比較することを考える.

定理 1. 整列集合 A からその部分集合 B への同型対応を φ とすれば,A のいかなる元 a に対しても
$$\varphi(a) = a \ \text{または}\ \varphi(a) > a$$
が成立する.

[証明] A のいかなる元 a に対しても,$\varphi(a)<a$ とならないことをいえばよい.いま,かりに $\varphi(a)<a$ なる a があ

ったとし，そのような a 全体の集合 B の最初の元を a_0 とする．しからば当然 $\varphi(a_0) < a_0$．ところで，$a_1 = \varphi(a_0)$ とおけば，$a_1 < a_0$ より $\varphi(a_1) < \varphi(a_0) = a_1$．ゆえに，$a_1 \in B$ かつ $a_1 < a_0$．しかしこれは，a_0 が B の最初の元であるという仮定に矛盾する．

この定理から簡単にえられることがらを，つぎに列挙してみよう．

(a) 整列集合 A から A 自身への同型対応は，A のいかなる元 a に対しても $\varphi(a) = a$ となる関数 φ，すなわち A の上の恒等関数以外にはあり得ない．

［証明］ A から A への同型対応を φ とすれば，定理 1 によって，いかなる a に対しても

(*) $\qquad \varphi(a) = a$ または $\varphi(a) > a$.

さらに，φ^{-1} も同型対応だから，いかなる a に対しても $\varphi^{-1}(a) = a$ または $\varphi^{-1}(a) > a$．ゆえに，$\varphi(\varphi^{-1}(a)) = \varphi(a)$ または $\varphi(\varphi^{-1}(a)) > \varphi(a)$，したがって

(**) $\qquad \varphi(a) = a$ または $\varphi(a) < a$.

(*) と (**) とをあわせれば，いかなる a に対しても $\varphi(a) = a$ であることが知られる．

(b) 整列集合 A から整列集合 B への同型対応は，あってもただ一つである．

［証明］ A から B への同型対応を φ, ψ とすれば，ψ^{-1} は B から A への同型対応となるから，$\psi^{-1} \circ \varphi$ は A から A への同型対応である．よって，(a) により，A のいかなる元 a に対しても $(\psi^{-1} \circ \varphi)(a) = a$．ゆえに

$$\phi(a) = \phi((\phi^{-1} \circ \varphi)(a)) = \phi(\phi^{-1}(\varphi(a))) = \varphi(a).$$
これは，φ と ψ とが全く同じ対応であることを示すものにほかならない．

(c) 整列集合は，そのいかなる切片とも同型にはなり得ない．さらに一般に，整列集合は，そのいかなる部分集合のいかなる切片とも同型になり得ない．

［証明］　後半を証明すれば十分である．いま，B を整列集合 A の部分集合とし，A から B のある切片 $B(b)$ への同型対応 φ があるとする．さすれば，A の元 b の φ による像 $\varphi(b)$ は $B(b)$ の元である：$\varphi(b) < b$．しかし，これは定理 1 と矛盾する．よって，かかる φ はあり得ない．

(d) A, B を整列集合とするとき，A は B の二つの異なる切片と同時に同型になり得ない．

［証明］　A が B の二つの相異なる切片 $B(b_1), B(b_2)$ $(b_1 < b_2)$ と同型になったとする．しからば，明らかに $B(b_1) \simeq B(b_2)$．一方，$b_1 < b_2$ より $B(b_1) = B(b_2)(b_1)$．ゆえに，整列集合 $B(b_2)$ は，その切片 $B(b_2)(b_1)$ と同型になる．しかし，これは (c) と矛盾する．

(e) 整列集合 A の二元 a_1, a_2，および整列集合 B の二元 b_1, b_2 に対して
$$A(a_1) \simeq B(b_1), \quad A(a_2) \simeq B(b_2)$$
が成立するとする．しかるときは，$a_1 < a_2$ ならば $b_1 < b_2$ である．

［証明］　$a_1 < a_2$ より $A(a_1) \subset A(a_2)$．いま，$A(a_2)$ から $B(b_2)$ への同型対応を φ とし，それによる $A(a_1)$ の像を考

えれば，前節(g)により，これは $B(b_2)$ のある一つの切片に等しい．したがって，前節(d)により，それはまた B のある切片 $B(b_3)$ に一致する．明らかに $b_3 < b_2$. しかるに，$A(a_1)$ は $B(b_1)$ とも $B(b_3)$ とも同型である．よって，(d)により $b_1 = b_3$. ゆえに $b_1 < b_2$.

(f) A, B を整列集合とする．このとき，$A(a) \simeq B(b)$ なる B の元 b があるような A の元 a 全体の集合は，A と一致するか，さもなければ A のある切片と一致する．

［証明］ $A(a) \simeq B(b)$ なる b があるような A の元 a 全体の集合を A_1 とおく．A_1 の任意の元 a をとり，$A(a)$ から，それと同型な $B(b)$ への同型対応を φ とする．さすれば，$x < a$ なる x，すなわち $A(a)$ の任意の元 x による $A(a)$ の切片 $A(a)(x)$ の φ による像は，前節(g)により，$B(b)$ のある切片 $B(b)(y)$ に等しい．しかも，このとき $A(a)(x) \simeq B(b)(y)$. しかるに，$A(a)(x) = A(x)$ かつ $B(b)(y) = B(y)$. よって $A(x) \simeq B(x)$. これより，A_1 の元 a よりも前にある A の元 x はまた A_1 に属することがわかる．よって，前節(f)により，A_1 は A と等しいか，あるいはその切片と等しい．

さて，以上を利用すれば，つぎの定理を証明することができる：

定理2. A, B を整列集合とすれば，つぎの三つの場合のうちの一つ，しかもただ一つだけが成立する：

(1) A は B と同型
(2) A は B のある切片と同型

(3) B は A のある切片と同型.

[証明] $A(a) \simeq B(b)$ なる b があるような A の元 a 全体の集合を A_1, $A(a) \simeq B(b)$ なる a があるような B の元 b 全体の集合を B_1 とする. さすれば, (d)によって, A_1 のどの元 a に対しても, $A(a) \simeq B(b)$ なる B_1 の元 b がただ一つに決定する. いま, A_1 の元 a にこのような B_1 の元 b を対応させる関数を φ としよう. しからば(e)によって, $a_1 < a_2$ ならば $\varphi(a_1) < \varphi(a_2)$. ゆえに $A_1 \simeq B_1$.

ところで, (f)によれば, A_1 は A に一致するか, さもなければ A のある切片と一致する. 同様にして, B_1 は B に一致するか, さもなければ B の切片である.

しかし A_1 が A のある切片 $A(a)$ に等しく, B_1 も B のある切片 $B(b)$ に等しいということはあり得ない：もしそうならば, $A(a) = A_1 \simeq B_1 = B(b)$ であるから, $a \in A_1$ となり, $a \in A(a)$ すなわち $a < a$ という矛盾を生じるからである.

したがって, つぎの三つの場合が考えられる：

(1) A_1 が A に等しく, B_1 が B に等しい場合. このときは当然 $A \simeq B$ である.

(2) A_1 が A に等しく, B_1 が B のある切片 $B(b)$ に等しい場合. このときは当然 $A \simeq B(b)$ である.

(3) A_1 が A のある切片 $A(a)$ と等しく, B_1 が B に等しい場合. このときは当然 $A(a) \simeq B$ である.

しかも, これらのどの二つも両立しないことはつぎのごとくにして知られる：

(α)　(1)と(2)は両立しない：もし(1)，(2)がともに成り立てば，$B \simeq B(b)$ となって(c)に矛盾するからである．

　(β)　(1)と(3)は両立しない：もし(1)，(3)がともに成り立てば，$A \simeq A(a)$ となって(c)に矛盾するからである．

　(γ)　(2)と(3)は両立しない：かりに(2)と(3)がともに成り立つとしよう．いま，A から $B(b)$ への同型対応を φ とすれば，それによる $A(a)$ の像は，$B(b)$ の，したがって B のある一つの切片 $B(b')$ に等しい．さすれば，$B \simeq A(a) \simeq B(b')$ となって，(c)に矛盾する．

III. 順 序 数

　自然数 1, 2, 3, … は，物の"個数"を表わすのに用いられる一方，物の"順番"ないしは"番号"を表わすのにも用いられる．いいかえれば，自然数には，ひとつ (one)，ふたつ (two)，みっつ (three)，… という使い方とともに，第一 (first)，第二 (second)，第三 (third)，… という使い方もあるわけである．周知のごとく，語学の文法では，第一の目的に用いられた場合の自然数を"基数"，第二の目的に用いられた場合の自然数を"序数"といっている．

　われわれが前編において得た濃度の概念は，いわば，この基数の概念の拡張にほかならない．

　ところが，すでにわれわれの知っている順序型の概念を用いれば，今度は序数の概念を拡張することができる．もっとくわしくいえば，一般の順序型ではなく，整列集合の順序型を考えれば，それがすなわち序数の概念の拡張になっていることが示されるのである．

整列集合の順序型を**順序数**という．したがって，たとえば $0, 1, 2, \cdots, n, \cdots$ や ω などは順序数であるが，η や λ などは順序数ではない．以下は，この順序数についての議論である．

§1. 順 序 数

以下において，われわれは，便宜上，"序数"を1からではなく，0から始めることに約束する．すなわち，いくつかのものを並べる場合，それらを1番目，2番目，3番目，…というふうにではなく，0番目，1番目，2番目，…というふうに番号づけていくことに規約するわけである．したがって，この流儀によりものに番号をつけた結果は，たとえば

$$a_0, a_1, a_2, \cdots, a_n, \cdots$$

となる．

さて，われわれは整列集合 B をとり，そのある元 x による B の切片 $B(x)$ をつくったとき，その順序型——順序数——が負でない整数 n に等しかったとしてみよう．そうすれば，$B(x)$ の元は，最初から順に 0 から $n-1$ までの序数の番号をつけて

$$a_0, a_1, a_2, \cdots, a_{n-1}$$

と並べることができるはずである．ところで，このことは，B の元に最初から順に序数の番号を一つずつつけていったとき，x がちょうど n 番目にあたる，ということにほかならないであろう．逆に，x が前からちょうど n 番目の

元ならば，$B(x)$ の順序数が n に等しいことも明らかである．つまり，整列集合 B において，その元 x が最初からちょうど n 番目（n は序数）の元にあたっているためには，切片 $B(x)$ の順序数がちょうど n に等しいことが必要十分なのである．

以上を根拠とすれば，つぎの定義はきわめて自然なものとして受け取ることができるであろう：

整列集合 B において，その元 x による B の切片 $B(x)$（必ずしも有限集合でなくともよい）の順序数が α ならば，α は x の B における**番号**である，あるいは x は B の **α 番目**の元であるという．

例 1. $B=(1, 2, 3, \cdots, n, \cdots)$ においては，$B(1)=\emptyset$，$B(2)=(1)$，$B(3)=(1, 2)$，一般に $B(n)=(1, 2, \cdots, n-1)$．しかるに，$\langle\emptyset\rangle=0$，$\langle(1)\rangle=1$，$\langle(1,2)\rangle=2$，一般に $\langle(1, 2, \cdots, n-1)\rangle=n-1$ であるから，1 は 0 番目，2 は 1 番目，一般に n は $n-1$ 番目の元である．

例 2. $B=(2, 4, 6, \cdots ; 1, 3, 5, \cdots)$ においては，$B(6)=(2, 4)$，$B(1)=(2, 4, 6, \cdots)$ で，一方 $\langle(2, 4)\rangle=2$，$\langle(2, 4, 6, \cdots)\rangle=\omega$．よって，6 は 2 番目の元であり，1 は ω 番目の元である．

以上で，順序数の概念が，序数の概念のきわめて自然な拡張であることが了解されたと思われる．

有限整列集合の順序数，すなわち序数 $0, 1, 2, \cdots$ を**有限順序数**，無限整列集合の順序数を**無限順序数**または**超限順序数**という．

さらに，有限順序数を**第一級**の順序数，可付番な整列集合の順序数を**第二級**の順序数ということがある．ω や

$(2, 4, 6, \cdots ; 1, 3, 5, \cdots)$ の順序数などは第二級の順序数である．α が第二級の順序数であるとは，α が順序数で，かつ $\aleph_0$-順序型であるということにほかならない．

§2. 順序数の大小

m, n を有限順序数とし，
$$A = (a_0, a_1, \cdots, a_{m-1}), \ B = (b_0, b_1, \cdots, b_{n-1})$$
なる整列集合を考える．このとき，もし m が n よりも大きいならば，明らかに，A は B に同型な切片をもつ．また，逆に，そのようなとき，m が n よりも大きいことは確かである．

つまり，有限順序数 m が有限順序数 n よりも大きいとは，順序数 m をもつ整列集合が，順序数 n をもつ整列集合に同型な切片をもつということにほかならない．

いま，これをそのまま一般の場合におしひろめてつぎのように定義する：

定義． 順序数 α, β に対して，$\langle A \rangle = \alpha$, $\langle B \rangle = \beta$ なる任意の整列集合 A, B をとるとき，A が B に同型な切片 $A(a)$ をもつならば，α は β よりも**大きい**，あるいは，β は α よりも**小さい**といわれ

$$\alpha > \beta \ \text{または} \ \beta < \alpha$$

としるされる．

注意1． $\alpha > \beta$ であるためには，$\langle A \rangle = \alpha$, $\langle B \rangle = \beta$ なる整列集合 A, B をいかに取っても，A が B に同型な切片をもっていなくてはならない．しかし，$\langle A \rangle = \alpha$, $\langle B \rangle = \beta$ なる一組の A, B につ

いて，A が B に同型な切片をもつことがいえれば，他のいかなる組についてもつねに同様のことが成立するのである．読者はその証明を自ら試みてみられたい．

例1. 上に定義した順序数の大小が，有限順序数の大小の拡張であることは明らかである．ゆえに，$0<1<2<\cdots<n<\cdots$. また，$(0, 1, 2, \cdots, n-1)$ は $(0, 1, 2, \cdots, n, \cdots)$ の切片である．よって，$n<\omega$.

定理1. いかなる順序数 α, β に対しても，$\alpha=\beta$, $\alpha<\beta$, $\alpha>\beta$ のうちの一つ，しかもただ一つだけが成立する．

[証明] $\langle A\rangle=\alpha$, $\langle B\rangle=\beta$ なる A, B をとれば，前章 §2 の定理2によって，$A\simeq B$, $A\simeq B(b)$, $A(a)\simeq B$ のうちのどれか一つだけが成立する．よって，$\alpha=\beta$, $\alpha<\beta$, $\alpha>\beta$ のうちの一つ，しかもただ一つだけが成立する．

注意2. 整列集合 B が整列集合 A の部分集合であれば，前章 §2 の(c)によって，A は B のいかなる切片とも同型になり得ない．よって $\langle B\rangle\leqq\langle A\rangle$.

例2. ω は最小の超限順序数である．なぜならば，$(0, 1, 2, \cdots, n, \cdots)$ の切片はすべて有限集合だからである．

定理2. $\alpha<\beta$, $\beta<\gamma$ ならば $\alpha<\gamma$.

[証明] $\langle A\rangle=\alpha$, $\langle B\rangle=\beta$, $\langle C\rangle=\gamma$ なる A, B, C をとれば，仮定によって $A\simeq B(b)$, $B\simeq C(c)$ なる b, c がある．ところが，B から $C(c)$ への同型対応による $B(b)$ の像は，C の一つの切片 $C(c')$ に等しい．よって $A\simeq B(b)\simeq C(c')$. ゆえに $\alpha<\gamma$.

順序数 α よりも小さい順序数全体の集合を $W\{\alpha\}$ と書く．定理1および2によって，これは一つの順序集合であ

る．明らかに，$\alpha<\beta$ ならば $W\{\alpha\}\subset W\{\beta\}$．

例3． $W\{n\}=(0, 1, 2, \cdots, n-1)$．$W\{\omega\}=(0, 1, 2, \cdots, n, \cdots)$．

定理3． 整列集合 A の順序数を α とする：$\langle A\rangle=\alpha$．いま，A の元 a に $\langle A(a)\rangle (<\alpha)$ なる順序数を対応させるような，A から $W\{\alpha\}$ への関数 φ を考える．しからば，φ は同型対応である．

［証明］ $a, b\in A$, $a<b$ ならば，$A(a)$ は $A(b)$ の切片 $A(b)(a)$ に等しいから $\langle A(a)\rangle<\langle A(b)\rangle$．よって $\varphi(a)<\varphi(b)$．したがってまた，$a\neq b$ ならば $\varphi(a)\neq\varphi(b)$ である．あとは，$W\{\alpha\}$ のどの元も，A に原像をもつことをいえばよい．いま，$\beta\in W\{\alpha\}$ とし，$\langle B\rangle=\beta$ なる任意の B をとる．しからば，$\beta<\alpha$ であるから，$B\simeq A(a)$ なる A の元 a がある．よって $\beta=\langle A(a)\rangle=\varphi(a)$．つまり，$\beta$ は原像 a をもつ．

注意3． この定理により，任意の順序数 α に対して，$W\{\alpha\}$ は整列集合であり，かつまた，その順序数は α に等しいことが知られる．

注意4． 注意3により，順序数を元とする任意の集合 A は整列集合であることがわかる：A が空集合であれば問題はないから，空でないとする．いま，A の空ならざる任意の部分集合を B とし，それに最小の元があることを示す．B の一つの元 β をとる．それがすでに B の最小の元ならば証明は終りであるから，そうでない場合を考える．このとき，集合 $W\{\beta\}\cap B$ は整列集合 $W\{\beta\}$ の空ならざる部分集合として最小の元 γ をもつ．ところがこの γ は，β より小さい B の元のうちで一番小さいものであるから，明らかに B の最小の元である．

0以外の有限順序数nには，そのつぎに小さい順序数$n-1$がある．また，$(1, 3, 5, \cdots, 2n+1, \cdots ; 2)$なる整列集合の順序数は，そのつぎに小さい順序数として，整列集合$(1, 3, 5, \cdots, 2n+1, \cdots)$の順序数，すなわち$\omega$をもつ．それに反して，$\omega$にはそのつぎに小さい順序数というものがない．一般に，0以外の順序数αに，そのつぎに小さい順序数βがある場合，αを**孤立（順序）数**，しからざる場合αを**極限（順序）数**という．0は孤立数と考える．0以外の孤立数に対して，そのつぎに小さい順序数をα^{-}と書く．

　注意5． 0でない順序数αが極限数であるとは，αよりも小さいいかなるβに対しても，$\beta<\xi<\alpha$となるような順序数ξがある，ということにほかならない．

　αが$(\cdots, a, \cdots, b, \cdots)$なる整列集合の順序数であるとき，この集合の一番うしろに新しい元xをつけ加えて$(\cdots, a, \cdots, b, \cdots ; x)$なる整列集合をつくれば，これの順序数は明らかに$\alpha$のつぎに大きな順序数である．したがって，いかなる順序数αにも，そのつぎに大きな順序数がある．これをα**のつぎの（順序）数**といい，α^{+}と書く．有限順序数に対しては，当然$n^{+}=n+1$である．

　Aを順序数を元とする（空でない）集合とし，αを一つの順序数とする．もしαが，つぎの二つの条件を満足するならば，それはAの**上限**といわれ

$$\sup_{\xi \in A} \xi$$

としるされる：

　(1)　$\xi \in A$ならば$\xi \leq \alpha$,

(2) α よりも小さいいかなる β に対しても，$\beta<\xi$ なる A の元 ξ がある．

注意 6. (1)は，α が A のいかなる元 ξ よりも小さくないことを示し，(2)は，α よりも小さい β はいずれも，"A のどの元よりも小さくない"という条件をみたさないことを示している．したがって，α が A の上限であるとは，それが A のどの元よりも小さくない順序数のうちの最小のものということにほかならない．

例 4. $A=W\{\alpha\}$ かつ α が極限数ならば，$\sup_{\xi\in A}\xi=\alpha$ である．とくに，$A=W\{\omega\}=(0, 1, 2, \cdots)$ ならば $\sup_{\xi\in A}\xi=\omega$．

例 5. A に最大の元 α があるならば，$\sup_{\xi\in A}\xi=\alpha$ である．とくに，$A=W\{\alpha\}$ で，かつ α が 0 以外の孤立数ならば，$\sup_{\xi\in A}\xi=\alpha^-$．

定理 4. 順序数を元とする（空でない）集合は上限をもつ．

[証明] 順序数を元とする集合を A とする．もし，A に最大の元があるならば，それが求める上限であるから，最大の元がない場合だけを考えればよい．いま，A を添え字の集合とする $W\{\alpha\}$ $(\alpha\in A)$ なる集合系をとり，その和集合 $\bigcup_{\alpha\in A}W\{\alpha\}$ を W とする．この整列集合の順序数を α_0 としよう．しからば，$W\{\alpha\}\subseteq W$ より $\langle W\{\alpha\}\rangle\leq\langle W\rangle$，すなわち $\alpha\leq\alpha_0$．よって，α_0 は A のどの元よりも小さくない．いま，α_0 以下の順序数全体の集合，すなわち $W\{\alpha_0\}\cup\{\alpha_0\}$ なる集合の元のうち，A のどの元よりも小さくないものの集合 B を考える．しからば，明らかに，その最小の元 $\min B$ が求める A の上限である．

例 6. 順序数は，すでに何度も述べたように，序数の概念の拡

```
                                    1+2/3
  ┣━━┿━━┿━┿┿┿┿┼┼┼┼┼┨━━━━━━┿━━━┿┿┿┼┼┼┼┨
  0     1/2 2/3 3/4      1      1+1/2  1+3/4    2
```

第 22 図

張である．それがいかに使われるかの例をあげよう．いま，直線上に，その座標がそれぞれ

$$0, \ \frac{1}{2}, \ \frac{2}{3}, \ \frac{3}{4}, \ \cdots, \ \frac{n-1}{n}, \ \cdots; \ 1,$$

$$1+\frac{1}{2}, \ 1+\frac{2}{3}, \ \cdots, \ 1+\frac{n-1}{n}, \ \cdots; \ 2$$

であるような点が与えられているとし，それに小さい方から順に順序数の番号をつけていくことを考える．簡単のために，ω のつぎの数 ω^+ を ω_1，そのつぎの数 $\omega_1{}^+ = \omega^{++}$ を ω_2，一般に ω_n のつぎの数を ω_{n+1}，さらに，$\omega_1, \omega_2, \cdots, \omega_n, \cdots$ なる順序数全体の集合の上限を ω_ω と書くことにしよう．ω_ω はもちろん極限数である．

さて，一般に，番号 α をもつ点を $\mathrm{P}(\alpha)$ と表わすことにすれば，われわれの番号づけの結果はつぎのようになる：

$$\mathrm{P}(0) = 0, \ \mathrm{P}(1) = \frac{1}{2}, \ \mathrm{P}(2) = \frac{2}{3}, \ \cdots, \ \mathrm{P}(n) = \frac{n}{n+1}, \ \cdots,$$

$$\mathrm{P}(\omega) = 1, \ \mathrm{P}(\omega_1) = 1+\frac{1}{2}, \ \mathrm{P}(\omega_2) = 1+\frac{2}{3}, \ \cdots,$$

$$\mathrm{P}(\omega_n) = 1+\frac{n}{n+1}, \ \cdots, \ \mathrm{P}(\omega_\omega) = 2.$$

のちに，順序数の和を定義するが，それによれば $\omega_n = \omega + n$，$\omega_\omega = \omega + \omega$ となることが示される．

問 1. $A \simeq A'$，$B \simeq B'$ のとき，A が B に同型な切片をもつならば，A' は B' に同型な切片をもつことを示せ．

問 2. 順序数を元とする集合の上限はただ一つにかぎること を示せ.

問 3°. 定理 4 の証明における α_0 は，実は $\sup_{\xi \in A} \xi$ に等しいこ とを示せ.

§3. 順序数の和

順序数 m の有限整列集合 $(a_0, a_1, \cdots, a_{m-1})$ のうしろへ，順序数 n の有限整列集合 $(b_0, b_1, \cdots, b_{n-1})$ をつなげば，その結果の整列集合 $(a_0, a_1, \cdots, a_{m-1}, b_0, b_1, \cdots, b_{n-1})$ の順序数は $m+n$ に等しい．これを見本にして，順序数の和を定義する．

まず，一般に，A, B を互いに素な整列集合とすれば，A のうしろへ B をつないだものはまた整列集合になることが示される．すなわち：

定理 5. $(A, <_1), (B, <_2)$ を整列集合とし，A と B とは互いに素であるとする．いま，A と B との直和 $A+B$ の上に，つぎのようにして関係 $<$ を定義しよう：

(ⅰ) $x \in A, y \in B$ ならば $x < y$

(ⅱ) $x \in A, y \in A, x <_1 y$ ならば $x < y$

(ⅲ) $x \in B, y \in B, x <_2 y$ ならば $x < y$.

しからば，$<$ は一つの順序で，しかも順序集合 $(A+B, <)$ は整列集合である．

[証明] $<$ が順序であることは明らかである．したがって，$A+B$ の空ならざる部分集合 C が最初の元をもつことだけをいえばよい．まず $C \cap A \neq \emptyset$ ならば，整列集合

A の部分集合としての $C \cap A$ の最初の元は, C にとっても最初の元である. また $C \cap A = \emptyset$ ならば, $C \subseteq B$ となるから, C は整列集合 B の空ならざる部分集合として最初の元をもつ. ゆえに, いずれにしても C には最初の元がある.

かくして得られる整列集合を $(A, <_1)$ と $(B, <_2)$ との**和**といい

$$(A, <_1) + (B, <_2)$$

と書く. 誤解のおそれのないときは, 簡単に $A + B$ と書くこともある.

さて, これに基づいてつぎの定義をおく:

定義. α, β を二つの順序数とするとき, $\langle A \rangle = \alpha$, $\langle B \rangle = \beta$ なる整列集合 A と B との和 $A + B$ の順序数を, α と β との**和**といい, $\alpha + \beta$ と書く.

かくして定義された和の概念が, 有限順序数の和の概念の拡張になっていることは明らかであろう. また, たやすく知られるように, 任意の順序数 α に対して $\alpha^+ = \alpha + 1$ が成立する.

例 1. $A = (0, 1, \cdots, n-1), B = (n, n+1, \cdots)$ とすれば, $A + B = (0, 1, \cdots, n-1, n, \cdots)$. また $\langle A \rangle = n, \langle B \rangle = \omega, \langle A + B \rangle = \omega$. ゆえに $n + \omega = \omega$.

例 2. $A = (2, 4, 6, \cdots), B = (1, 3, 5, \cdots)$ とすれば, $\langle A \rangle = \langle B \rangle = \omega$. また $A + B = (2, 4, 6, \cdots ; 1, 3, 5, \cdots)$. よって $\langle (2, 4, 6, \cdots ; 1, 3, 5, \cdots) \rangle = \omega + \omega$.

定理 6. (1) $\beta < \beta'$ ならば $\alpha + \beta < \alpha + \beta'$

(2) $\alpha<\alpha'$ ならば $\alpha+\beta\leq\alpha'+\beta$.

[証明] (1) $\langle A\rangle=\alpha$, $\langle B'\rangle=\beta'$, $A\cap B'=\emptyset$ とすれば, $\beta<\beta'$ より, $\langle B'(b)\rangle=\beta$ なる b がある. いま, $B'(b)=B$ とおこう. さすれば明らかに, $A+B$ は $A+B'$ の b による切片 $(A+B')(b)$ に等しい. ゆえに, $\alpha+\beta=\langle A+B\rangle<\langle A+B'\rangle=\alpha+\beta'$.

(2) $\langle A'\rangle=\alpha'$, $\langle B\rangle=\beta$, $A'\cap B=\emptyset$ なる A', B をとれば, $\alpha<\alpha'$ より, $\langle A'(a)\rangle=\alpha$ なる $a(\in A')$ がある. いま $A'(a)=A$ とおこう. さすれば明らかに, $A+B\subseteq A'+B$. ゆえに, $\alpha+\beta=\langle A+B\rangle\leq\langle A'+B\rangle=\alpha'+\beta$ である.

注意1. (1)より $\omega<\omega+1$. 一方, 例1により $1+\omega=\omega$. ゆえに $1+\omega<\omega+1$ である. したがって, 順序数の加法は, 一般には交換法則 $\alpha+\beta=\beta+\alpha$ をみたさない. しかし, のちに示すように結合法則 $(\alpha+\beta)+\gamma=\alpha+(\beta+\gamma)$ は成立する.

注意2. 例1によれば $1+\omega=\omega=2+\omega$. よって, $\alpha<\alpha'$ でも $\alpha+\beta<\alpha'+\beta$ となるとはかぎらない. したがって, 定理の(2)の終結には等号 = を入れておかなくてはならない.

定理7. W を, 順序数を元とする集合とすれば, 任意の α に対して

$$\alpha+\sup_{\beta\in W}\beta = \sup_{\beta\in W}(\alpha+\beta)$$

が成立する. ここに右辺は, α と W の元 β との和 $\alpha+\beta$ の全体から成る集合の上限を表わす.

[証明] $\alpha+\sup_{\beta\in W}\beta$ が, α と W の元 β との和 $\alpha+\beta$ の全体から成る集合の上限であることを証明する.

まず, $\alpha+\sup_{\beta\in W}\beta$ は, W のいかなる元 β に対しても,

$\alpha+\beta$ より小さくない．なぜならば；上限の定義により，$\beta\in W$ ならば $\beta\leq\sup_{\beta\in W}\beta$．したがって $\alpha+\beta\leq\alpha+\sup_{\beta\in W}\beta$ となるからである．

つぎに，$\alpha+\sup_{\beta\in W}\beta$ よりも小さい γ には，必ず，$\gamma<\alpha+\beta$ となるような W の元 β があることをいう：

$\langle A\rangle=\alpha$, $\langle B\rangle=\sup_{\beta\in W}\beta$, $A\cap B=\emptyset$ なる A, B をとり，$A+B=C$ とおく．しからば，$\langle C\rangle=\alpha+\sup_{\beta\in W}\beta$．仮定により，$\gamma<\alpha+\sup_{\beta\in W}\beta$ だから，C は $\langle C(c)\rangle=\gamma$ なる切片 $C(c)$ をもつ．$c\in A$ ならば，$C(c)=A(c)$ であるから，$\gamma<\langle A\rangle=\alpha$．よって，$W$ の任意の元 β に対して $\gamma<\alpha+\beta$．また $c\in B$ ならば，$C(c)=A+B(c)$ であるから，$\gamma=\langle A+B(c)\rangle=\alpha+\langle B(c)\rangle$．ところで，$\langle B(c)\rangle<\langle B\rangle=\sup_{\beta\in W}\beta$，すなわち，$\langle B(c)\rangle$ は W の上限よりも小さいから，$\langle B(c)\rangle<\beta$ なる W の元 β がなくてはならない．ゆえに $\gamma=\alpha+\langle B(c)\rangle<\alpha+\beta$．こうして，いずれにしても，$\gamma<\alpha+\beta$ となるような W の元 β のあることがわかった．

よって，$\alpha+\sup_{\beta\in W}\beta=\sup_{\beta\in W}(\alpha+\beta)$ をうる．

例3. $W=(0, 1, 2, \cdots, n, \cdots)$ とおけば $\sup_{n\in W}n=\omega$．ゆえに $\omega+\omega=\omega+\sup_{n\in W}n=\sup_{n\in W}(\omega+n)$．したがって，$\omega+\omega$ は ω, $\omega+1$, $\omega+2$, $\cdots$, $\omega+n$, $\cdots$ なる順序数の集合の上限である．

注意3. $W=(0, 1, 2, \cdots, n, \cdots)$ とおけば $\sup_{n\in W}n=\omega$．また，$n\in W$ ならば $n+\omega=\omega$ であるから $\sup_{n\in W}(n+\omega)=\omega$．よって，$\sup_{n\in W}(n+\omega)<\sup_{n\in W}n+\omega$．ゆえに，一般に $\sup_{\alpha\in W}(\alpha+\beta)=\sup_{\alpha\in W}\alpha+\beta$ なる関係は成立しない．

定理8. $(\alpha+\beta)+\gamma=\alpha+(\beta+\gamma)$．

［証明］ $\langle A\rangle=\alpha$, $\langle B\rangle=\beta$, $\langle C\rangle=\gamma$, $A\cap B=B\cap C=$

$C \cap A = \emptyset$ とすれば
$$\langle (A+B)+C \rangle = \langle A+B \rangle + \langle C \rangle = (\alpha+\beta)+\gamma$$
$$\langle A+(B+C) \rangle = \langle A \rangle + \langle B+C \rangle = \alpha+(\beta+\gamma).$$
よって，$(A+B)+C \simeq A+(B+C)$ なることを示せばよい．しかし，この両辺はいずれも，A のうしろへ B，そのまたうしろへ C をつないで得られる整列集合であるから，互いに相等しい．

この定理を順序数の加法の結合法則という．これによって，順序数の和には括弧をつけなくても，誤解の生じる心配がない．

問 4°. $A \simeq A'$, $B \simeq B'$ ならば，$A+B \simeq A'+B'$ であることを示せ．

問 5. $\alpha^+ = \alpha+1$ であることを確かめよ．

問 6. 任意の順序数 α に対して，$0+\alpha = \alpha+0 = \alpha$ となることを示せ．

問 7°. $\alpha < \beta$ ならば，$\alpha+\gamma = \beta$ なる γ がただ一つあることを示せ．

§4. 順序数の積

本節では，順序数の積を定義する．前節において，われわれは，順序数の和を定義するに際し，整列集合の和というものを導入した．それと同様に，積の定義の場合にも，まず整列集合の積というものを説明する．

定理 9. $(A, <_1)$, $(B, <_2)$ を整列集合とする．いま，A と B との直積 $A \times B$ の元 (x, y), (x', y') に対して，つぎの（ⅰ），（ⅱ）のいずれかが成り立つとき，$(x, y) <$

(x', y') とおくことにしよう：

 (i) $y <_2 y'$,

 (ii) $y = y'$, $x <_1 x'$.

しからば，これは $A \times B$ の上の順序で，しかも $(A \times B, <)$ は整列集合である．

[証明] $<$ が順序であることを示すためには，ただ $(x, y) < (x', y')$, $(x', y') < (x'', y'')$ のとき $(x, y) < (x'', y'')$ となることのみをいえばよい．しかしそれは，$<$ の定義にさかのぼれば，ほとんど明らかであろう．

つぎに，$A \times B$ の空ならざる部分集合 C が最初の元をもつことを証明する：C の元 (x, y) における"第二の座標" y を全部集めれば，これは B の空ならざる部分集合である．よって，それは最初の元 y_0 をもつ．つぎに，C の元のうちで，その第二の座標が y_0 であるようなもの，すなわち (x, y_0) なる形のものの"第一の座標"x を全部集めれば，これは A の空ならざる部分集合である．よってそれも最初の元 x_0 をもつ．さすれば，$<$ の定義によって，(x_0, y_0) は C の最初の元である．

かくして得られる整列集合を，$(A, <_1)$ と $(B, <_2)$ との**積**といい

$$(A, <_1) \times (B, <_2) \text{ または簡単に } A \times B$$

と書く．これに基づいて，つぎの定義をおく：

定義． α, β を二つの順序数とするとき，$\langle A \rangle = \alpha$, $\langle B \rangle = \beta$ なる整列集合 A, B の積 $A \times B$ の順序数を，α と β との**積**といい，$\alpha\beta$ と書く．

注意 1. 書物によっては，$A \times B$ の順序数を $\beta\alpha$ と書いてあるのもあるから，十分に注意されたい．

例 1. $A=(a_0, a_1, \cdots, a_{n-1})$，$B=(b_0, b_1, \cdots, b_{n-1})$ とおけば，A と B との積 $A \times B$ における順序はつぎのようになっている：

$(a_0, b_0) \quad <(a_1, b_0) \quad <(a_2, b_0) \quad <\cdots<(a_{m-1}, b_0)$
$<(a_0, b_1) \quad <(a_1, b_1) \quad <(a_2, b_1) \quad <\cdots<(a_{m-1}, b_1)$
$\cdots\cdots \quad \cdots\cdots \quad \cdots\cdots \quad \cdots\cdots$
$<(a_0, b_{n-1})<(a_1, b_{n-1})<(a_2, b_{n-1})<\cdots<(a_{m-1}, b_{n-1})$.

なお，$A \times B$ は mn 個の元を含むから，もちろん $\langle A \times B \rangle = mn$．したがって，上に定義した順序数の積は，有限順序数の積の拡張になっている．

例 2. $A=(1)$ とし，B を任意の整列集合とする．いま，B の任意の元 b に，$(1, b)$ なる $A \times B$ の元を対応させることにすれば，これは同型対応である．よって $B \simeq A \times B$．ゆえに $\alpha = 1\alpha$．同様にして $\alpha = \alpha 1$ をうる．

例 3. $A=(0, 1)$，$B=(0, 1, 2, \cdots, n, \cdots)$ とすれば，$A \times B = ((0, 0), (1, 0), (0, 1), (1, 1), (0, 2), (1, 2), \cdots)$．ゆえに $A \times B \simeq (0, 1, 2, \cdots, n, \cdots)$．よって，$2\omega = \langle A \rangle \langle B \rangle = \langle A \times B \rangle = \omega$．同様に，1 以上の任意の有限順序数 n に対して，$n\omega = \omega$ なることがわかる．

例 4. $A=(0, 1, 2, \cdots)$，$B=(0, 1)$ とすれば

$A \times B = ((0, 0), (1, 0), (2, 0), \cdots ; (0, 1), (1, 1), (2, 1), \cdots)$
$\qquad = ((0, 0), (1, 0), (2, 0), \cdots) + ((0, 1), (1, 1), (2, 1), \cdots)$.

よって $\omega 2 = \omega + \omega$．同様に，1 以上の任意の有限順序数 n に対して，$\omega n = \overbrace{\omega + \omega + \cdots + \omega}^{n}$ であることがわかる．

注意 2. 例 3, 例 4 より，n が 1 以上の有限順序数であるならば，$n\omega = \omega < \omega + \omega < \cdots < \overbrace{\omega + \omega + \cdots + \omega}^{n} = \omega n$ である．よって，順序数の積は，一般に交換法則 $\alpha\beta = \beta\alpha$ をみたさない．しかし，の

ちに述べるように結合法則：$(\alpha\beta)\gamma = \alpha(\beta\gamma)$ は成立する．

定理 10． （1） $\beta < \beta'$, $0 < \alpha$ ならば $\alpha\beta < \alpha\beta'$

（2） $\alpha < \alpha'$ ならば $\alpha\beta \leq \alpha'\beta$．

定理 11． W を，順序数を元とする任意の集合とすれば，任意の α に対して

$$\alpha \sup_{\beta \in W} \beta = \sup_{\beta \in W}(\alpha\beta)$$

が成立する．ここに右辺は，α と W の元 β との積 $\alpha\beta$ の全体から成る集合の上限を表わす．

以上二つの定理の証明は，読者自ら試みてみられたい．

注意 3． 例 3 によれば $2\omega = \omega = 3\omega$．よって，$\alpha < \alpha'$ でも $\alpha\beta < \alpha'\beta$ となるとはかぎらない．したがって，定理 10 の (2) の終結の式には，等号"$=$"が必要である．

例 5． $W = (0, 1, 2, \cdots, n, \cdots)$ とおけば $\sup_{n \in W} n = \omega$．ゆえに $\omega\omega = \omega \sup_{n \in W} n = \sup_{n \in W}(\omega n)$．したがって，$\omega\omega$ は $0, \omega, \omega 2, \cdots, \omega n, \cdots$ なる順序数の集合の上限である．

注意 4． $W = (1, 2, 3, \cdots, n, \cdots)$ とおけば $\sup_{n \in W} n = \omega$．また，$n \in W$ ならば $n\omega = \omega$ であるから $\sup_{n \in W}(n\omega) = \omega$．よって，$\sup_{n \in W}(n\omega) < (\sup_{n \in W} n)\omega$．したがって，一般に $\sup_{\alpha \in W}(\alpha\beta) = (\sup_{\alpha \in W} \alpha)\beta$ は成立しない．

定理 12． $\alpha(\beta + \gamma) = \alpha\beta + \alpha\gamma$．

［証明］ $\langle A \rangle = \alpha$, $\langle B \rangle = \beta$, $\langle C \rangle = \gamma$, $B \cap C = \emptyset$ とすれば

$$\langle A \times (B + C) \rangle = \alpha(\beta + \gamma),$$
$$\langle (A \times B) + (A \times C) \rangle = \alpha\beta + \alpha\gamma.$$

よって，$A \times (B + C) \simeq (A \times B) + (A \times C)$ なることをいえ

ばよい．ところで，$A\times(B+C)$と$(A\times B)+(A\times C)$とは，順序を無視して単なる集合と考えれば相等しい．ゆえに，これらの上に定められた順序——それぞれ $<_1$, $<_2$ とする——が，同じであることを示せば十分である．

いま，$(\varphi, \psi), (\varphi', \psi') \in A\times(B+C)$, $(\varphi, \psi)<_1(\varphi', \psi')$ としよう．さすれば，A と $B+C$ の積の上の順序 $<_1$ の定め方によって

　　(ⅰ)　$\psi<\psi'$　かあるいは　　(ⅱ)　$\psi=\psi'$, $\varphi<\varphi'$.

まず，(ⅰ)ならば，つぎの三つのうちのいずれかが成立しなければならない:

(a)　$\psi \in B$, $\psi' \in C$

(b)　$\psi, \psi' \in B$, $\psi<\psi'$

(c)　$\psi, \psi' \in C$, $\psi<\psi'$.

もし(a)ならば，$(\varphi, \psi)\in A\times B$ かつ $(\varphi', \psi')\in A\times C$. ゆえに $(\varphi, \psi)<_2(\varphi', \psi')$. また(b)ならば，$(\varphi, \psi), (\varphi', \psi')\in A\times B$ で，かつ $A\times B$ において $(\varphi, \psi)<(\varphi', \psi')$. ゆえに $(\varphi, \psi)<_2(\varphi', \psi')$. 同様にして，(c)のときも $(\varphi, \psi)<_2(\varphi', \psi')$ をうる．

つぎに(ⅱ)ならば，$(\varphi, \psi), (\varphi', \psi')$ はともに $A\times B$ に属するか，またはともに $A\times C$ に属する．そして，いずれの場合でも，その集合において $(\varphi, \psi)<(\varphi', \psi')$. ゆえに $(\varphi, \psi)<_2(\varphi', \psi')$ である．

これで，$(\varphi, \psi)<_1(\varphi, \psi')$ ならば $(\varphi, \psi)<_2(\varphi', \psi')$ となること，すなわち，$<_1$ と $<_2$ とが同じ順序であることがわかった[2]．

注意5. 例2,例3により,$(1+1)\omega=2\omega=\omega<\omega+\omega=1\omega+1\omega$. よって,一般に $(\alpha+\beta)\gamma=\alpha\gamma+\beta\gamma$ は成立しない.

注意6. 定理12により,$\alpha2=\alpha(1+1)=\alpha1+\alpha1=\alpha+\alpha$. 同様にして,一般に,$n$ が 0 ならざる有限順序数ならば,$an=\overbrace{\alpha+\alpha+\cdots+\alpha}^{n}$ であることが知られる.

問8. $A\simeq A'$, $B\simeq B'$ ならば,$A\times B\simeq A'\times B'$ であることを示せ.

問9. 任意の順序数 α に対して,$0\alpha=\alpha0=0$ であることを示せ.

問10°. 定理10を証明せよ.

問11°. 定理11を証明せよ.

問12°. α を任意の順序数,β を 0 ならざる順序数とすれば,
$$\alpha=\beta\gamma+\rho,\quad \beta>\rho$$
なる γ, ρ がただ一組あることを示せ($\beta\xi\leq\alpha$ となるような ξ 全体の集合の上限が γ である.γ を,α を β で割ったときの**商**,ρ をそのときの**剰余**という).

§5. 超限帰納法

いわゆる数学的帰納法は,よく知られているごとく,つぎのような形に述べることができる.

自然数についてのある命題に対し,つぎの二つが証明されたならば,それはすべての自然数について正しい:

(1) その命題は 1 のとき正しい,

---

2) $<_1$, $<_2$ が一つの集合 A の上の順序である場合,$a<_1 b$ ならばつねに $a<_2 b$ となることがわかれば,逆に $a<_2 b$ ならば $a<_1 b$ となることが知られる:$a<_2 b$ のとき,もし $b<_1 a$ とすれば,仮定によって $b<_2 a$ となり,矛盾を生じるからである.

(2) n よりも小さいすべての自然数について真であると仮定すれば、それは n のときも真である.

注意 1. 上の(2)のかわりに、つぎの(2′)がとられることも多い:

(2′) $n-1$ のとき真であると仮定すれば、それは n のときも真である.

どちらをとっても原理的には同じことなのであるが、実際に使うときには(2)の方が便利である. なぜならば: "$n-1$ のとき真" という(2′)の仮定は, "n よりも小さいときつねに真" という(2)の仮定の一部分をなしている. したがって, (2)の仮定をおきさえすれば必然的に(2′)の仮定をもおくことになり、証明に使える材料がはるかに多くなるのである.

さて、この数学的帰納法を、順序数の言葉を用いていい表わしてみれば、つぎのようになるであろう:

$1 \leq \xi < \omega$ なる順序数 ξ についてのある命題に対し, つぎの二つが証明されたならば, その命題は $1 \leq \xi < \omega$ なるすべての ξ について正しい:

(1) その命題は 1 のとき真である.

(2) $1 \leq \xi < \nu (< \omega)$ なるすべての ξ について真であると仮定すれば、それはまた ν についても真である.

ところで、このような証明法は、実は、一般の順序数についても全く同様に通用するのである. 以下に、それを説明しよう.

定理 13. α, β を $\alpha < \beta$ なる順序数とする. このとき, $\alpha \leq \xi < \beta$ なる順序数 ξ についてのある命題に対し, つぎの二つが証明されたならば, その命題は $\alpha \leq \xi < \beta$ なるすべ

てのξについて正しい：

(1) その命題はαのとき真である．

(2) $\alpha \leq \xi < \nu (< \beta)$なるすべての$\xi$について真であると仮定すれば，それはまた$\nu$についても真である．

注意 2. $\alpha=1, \beta=\omega$のときが数学的帰納法である．

[証明] $\alpha \leq \xi < \beta$なる順序数ξ全体の集合Aは，$W\{\beta\}$の部分集合として整列集合である．いま，Aの元のうちに，それに対して問題の命題の成立しないものがあるとし，その最初の元をν_0としよう．しからば，(1)によって$\alpha \neq \nu_0$，すなわち$\alpha < \nu_0$．また，$\alpha \leq \xi < \nu_0$なるξに対しては，問題の命題はつねに成立する．ところが，ここで(2)を用いれば，問題の命題はν_0のときも成立しなくてはならない．これは矛盾である．ゆえに，問題の命題は，$\alpha \leq \xi < \beta$なるすべてのξについて成立する．

定理 13 を基礎として，$\alpha \leq \xi < \beta$なる順序数ξに関する命題のつねに正しいことを証明する方法を，α, β間の**超限帰納法**という．数学的帰納法は，$1, \omega$間の超限帰納法にほかならない．

以下に，超限帰納法による証明の例をあげよう．

定理 14. 任意の順序数α, β, γに対して$(\alpha\beta)\gamma = \alpha(\beta\gamma)$が成立する．

[証明] まず，α, β, δを任意の順序数（ただし$\delta > 0$）とし，$0, \delta$間の超限帰納法によって，$0 \leq \xi < \delta$なるξについての命題$(\alpha\beta)\xi = \alpha(\beta\xi)$の正しいことを証明する：

(1) $(\alpha\beta)0 = 0, \alpha(\beta 0) = \alpha 0 = 0$．よって，$\xi = 0$ならば問

題の命題は正しい．

(2) $0 \leq \xi < \nu (<\delta)$ なるすべての ξ について，問題の命題は正しいと仮定する．

(a) ν が孤立数ならば；$\nu^- = \xi$, すなわち $\nu = \xi^+ = \xi + 1$ とおくとき, $0 \leq \xi < \nu$ であるから, $(\alpha\beta)\nu = (\alpha\beta)(\xi+1) = (\alpha\beta)\xi + \alpha\beta = \alpha(\beta\xi) + \alpha\beta = \alpha(\beta\xi + \beta) = \alpha(\beta(\xi+1)) = \alpha(\beta\nu)$.

(b) ν が極限数ならば；$W\{\nu\} = W$ とおくとき $\sup_{\eta \in W} \eta = \nu$ であるから, $(\alpha\beta)\nu = (\alpha\beta)\sup_{\eta \in W}\eta = \sup_{\eta \in W}((\alpha\beta)\eta) = \sup_{\eta \in W}(\alpha(\beta\eta)) = \alpha \sup_{\eta \in W}(\beta\eta) = \alpha(\beta \sup_{\eta \in W}\eta) = \alpha(\beta\nu)$.

よって，いずれにしても $(\alpha\beta)\nu = \alpha(\beta\nu)$ である．

こうして，$0 \leq \xi < \delta$ なる任意の ξ について，つねに $(\alpha\beta)\xi = \alpha(\beta\xi)$ であることが示された．いま，任意の順序数 γ に対して $\delta = \gamma^+$ とおけば，$0 \leq \gamma < \delta$. ゆえに $(\alpha\beta)\gamma = \alpha(\beta\gamma)$.

この定理を順序数の乗法の結合法則という．

問 13. $(\alpha\beta)\gamma = \alpha(\beta\gamma)$ を, 積の定義から直接に証明せよ.

§6. 順序数の巾の定義

本節では，順序数の巾を定義する．われわれはすでに順序数の和や積を定義したが，それによれば，順序数 α, β の和 $\alpha + \beta$ は，$\langle A \rangle = \alpha$, $\langle B \rangle = \beta$ なる A, B の直和 $A + B$ にある順序を与えたものの順序数であり，積 $\alpha\beta$ は，$\langle A \rangle = \alpha$, $\langle B \rangle = \beta$ なる A, B の直積 $A \times B$ にある順序を与えたものの順序数であった．そこで，これらと濃度の和や積の定義とを比べ，その類推を巾におよぼせば，順序数の巾 α^β を定

義するには，$\langle A\rangle=\alpha$, $\langle B\rangle=\beta$ なる A, B からつくられた配置集合 A^B に適当な順序を与え，その順序数をとることにすればよいように思われるであろう．しかし，ここでくわしくは述べないが，残念ながらその方法は種々の点できわめて不便なのである．

そこで，われわれは，順序数の巾の定義の基礎として，配置集合とたいへんよく似てはいるが，ちょっと違った集合を採用することにする．以下にそれを説明しよう．

定理15. $(A, <_1)$, $(B, <_2)$ を整列集合とし，a_0 を $(A, <_1)$ の最初の元とする．また，B から A への関数 φ のうちで，$\varphi(x) \neq a_0$ なる B の元 x がせいぜい有限個しかないようなものの全体を C とおく．すなわち，有限個の例外の x を除いては，つねに $\varphi(x) = a_0$ となるような φ の全体を C とおくのである．いま，C の元 φ, ψ の間に，つぎのような条件が成り立つとき，$\varphi < \psi$ とおくことにしよう：

(*) $\varphi(x) \neq \psi(x)$ なる x のうちでもっともうしろのものを a とすれば（第23図），

$$\varphi(a) <_1 \psi(a).$$

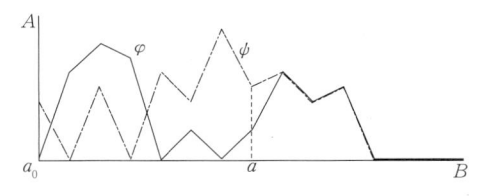

第23図

しからば，< は C の上の順序である．

[証明] $\varphi<\psi$, $\psi<\xi$ ならば $\varphi<\xi$ となることをいえばよい．まず，$\varphi<\psi$ より，$\varphi(x)\neq\psi(x)$ なる x のうちの最後のものを a とすれば，$\varphi(a)<_1\psi(a)$．同様にして，$\psi<\xi$ より，$\psi(x)\neq\xi(x)$ なる最後の x を b とすれば $\psi(b)<_1\xi(b)$．また，a のとり方によって，$a<_2 z$ なる z に対しては $\varphi(z)=\psi(z)$．同様にして，$b<_2 z$ なる z に対しては $\psi(z)=\xi(z)$．

よって，もし $a<_2 b$ ならば，$\varphi(b)=\psi(b)<_1\xi(b)$．しかも，$b<_2 z$ ならば $a<_2 z$ ともなるから $\varphi(z)=\psi(z)=\xi(z)$．ゆえに，$b$ は $\varphi(x)\neq\xi(x)$ なる x のうちの最後の元．したがって $\varphi<\xi$ である．

同様にして，$b<_2 a$ のときも $\varphi<\xi$ をうる．

さらに，$a=b$ ならば，$\varphi(a)<_1\psi(a)<_1\xi(a)$ で，しかも $a<_2 z$ ならば $\varphi(z)=\psi(z)=\xi(z)$．よって $a(=b)$ は $\varphi(x)\neq\xi(x)$ なる x のうちの最後の元．したがって $\varphi<\xi$．

こうして，$\varphi<\psi$, $\psi<\xi$ から $\varphi<\xi$ が導かれた．

定理 16． 定理 15 における順序集合 $(C, <)$ は整列集合である．

[証明] C の空でない部分集合 C_0 が最初の元をもつことをいえばよい．

一般に，C の任意の元 φ に対して，$\varphi(x)\neq a_0$ なる有限個の x に最後から順に番号をつけて，$x_n^\varphi<_2 x_{n-1}^\varphi<_2 \cdots <_2 x_2^\varphi <_2 x_1^\varphi$ とおく（第 24 図）．さすれば，φ, ψ を C の元とするとき，$x_1^\varphi<_2 x_1^\psi$ ならば $\varphi<\psi$ となる．なぜならば，この場

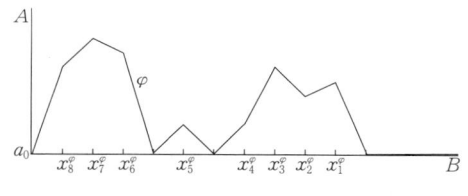

[第24図: 関数 φ のグラフ。横軸 B 上に $x_8^\varphi, x_7^\varphi, x_6^\varphi, x_5^\varphi, x_4^\varphi, x_3^\varphi, x_2^\varphi, x_1^\varphi$ の点、縦軸 A 上に a_0 の点が示されている]

第 24 図

合 $\varphi(x) \neq \psi(x)$ なる最後の x は x_1^ψ で、かつ $\varphi(x_1^\psi) = a_0 <_1 \psi(x_1^\psi)$ となるからである。一方、$x_1^\varphi = x_1^\psi$ となる場合には、$\varphi(x_1^\varphi) <_1 \psi(x_1^\psi)$ ならば $\varphi < \psi$。なぜならば、このとき、$\varphi(x) \neq \psi(x)$ なる最後の x が $x_1^\varphi (= x_1^\psi)$ だからである。

そこで、C_0 の元 φ のうちで、x_1^φ が最も前にあり、しかも、その像 $\varphi(x_1^\varphi)$ がもっとも前にあるものを全部集めて C_1 としよう。くわしくいえば：まず、C_0 の元 φ に対する x_1^φ の全体から成る集合を B_1 とする。これは B の部分集合であるから、最初の元 x_1 をもつ。いま、x_1^φ が x_1 に等しいような C_0 の元 φ を全部考え、それらによる x_1 の像 $\varphi(x_1)$ を集めて A_1 とする。これは、A の部分集合として最初の元 y_1 をもつ。そこで、$x_1^\varphi = x_1$, $\varphi(x_1) = y_1$ となるような C_0 の元 φ の全体を C_1 とするのである。

C_1 は、いわば C_0 の元のうちの前の方にあるものを全部集めたものなのであるから、もし C_0 に最初の元があるとすれば、それは C_1 の中にあり、したがって、C_1 の最初の元であることは確かである。

C_1 の元 φ, ψ に対しては、つねに $x_1^\varphi = x_1^\psi = x_1$ かつ $\varphi(x_1)$

$=\psi(x_1)=y_1$. よって, $x_2^{\varphi}<_2 x_2^{\psi}$ ならば, $\varphi(x) \neq \psi(x)$ なる最後の x は x_2^{φ} であり, かつ $\varphi(x_2^{\varphi})=a_0<_1\psi(x_2^{\varphi})$ であるから, $\varphi<\psi$ となる. また, $x_2^{\varphi}=x_2^{\psi}$ かつ $\varphi(x_2^{\varphi})<_1\psi(x_2^{\psi})$ ならば, $\varphi(x) \neq \psi(x)$ なる最後の x は $x_2^{\varphi}(=x_2^{\psi})$ だから $\varphi<\psi$.

そこで, C_1 の元のうちで, x_2^{φ} が最も前にあり, しかもその像 $\varphi(x_2^{\varphi})$ が最も前にあるものを集めて C_2 とする. くわしくいえば：まず, C_1 の元 φ に対する x_2^{φ} の全体の集合を B_2 とする. これは B の部分集合であるから最初の元 x_2 をもつ. いま, $x_2^{\varphi}=x_2$ となるような C_1 の元 φ を全部考え, それらによる x_2 の像 $\varphi(x_2)$ を集めて A_2 とする. これは A の部分集合として最初の元 y_2 をもつ. そこで, $x_2^{\varphi}=x_2$ かつ $\varphi(x_2)=y_2$ となるような C_1 の元 φ 全体の集合を C_2 とするのである. さすれば, もし C_1 に最初の元があるとすれば, それは C_2 の最初の元になっていることは明らかであろう.

さて今度は, C_0 から C_1 を, C_1 から C_2 をつくったのと同様に, C_2 から x_3^{φ} に注目して C_3 を構成する. そのつぎには, x_4^{φ} に注目して C_4 を構成する. 以下全く同様に, この操作を続けられるだけ続けていくのである.

しかし, この操作は無限には続かない. なぜならば, もしそれが無限に続くとすれば,

$$\cdots <_2 x_n <_2 \cdots <_2 x_3 <_2 x_2 <_2 x_1$$

なる B の元の列があることとなって, B が整列集合であることに矛盾するからである (149 ページ(c)). すなわち, ある n 番目以降, 上の操作は遂行不可能になる. これは,

いいかえれば, C_n の元のうちに x_{n+1}^φ のないような φ_0 が出て来るということにほかならない. しかるに, このような φ_0 は

(1) $x_1^\varphi = x_1,\ x_2^\varphi = x_2,\ \cdots,\ x_n^\varphi = x_n$

(2) $x_1,\ x_2,\ \cdots,\ x_n$ 以外の x に対しては $\varphi_0(x) = a_0$

(3) $\varphi_0(x_1) = y_1,\ \varphi_0(x_2) = y_2,\ \cdots,\ \varphi_0(x_n) = y_n$

をみたさねばならないから, ただ一つしかあり得ない.

ところで, C_n の他の元 ψ をとれば,
$$x_1^\psi = x_1,\ x_2^\psi = x_2,\ \cdots,\ x_n^\psi = x_n$$
$$\psi(x_1) = y_1,\ \psi(x_2) = y_2,\ \cdots,\ \psi(x_n) = y_n$$
であり, さらに, それは φ_0 と違って x_{n+1}^ψ をもっている. よって, $\varphi_0(x) \neq \psi(x)$ なる最後の x は x_{n+1}^ψ に等しく, しかも $\varphi_0(x_{n+1}^\psi) = a_0 <_1 \psi(x_{n+1}^\psi)$. ゆえに $\varphi_0 < \psi$. こうして, φ_0 は C_n の最初の元であることがわかった. これが求める C_0 の最初の元であることは, C_n のつくり方から明らかであろう.

この定理によって得られる整列集合 $(C, <)$ を, $(A, <_1)$ の $(B, <_2)$ **乗**といい

$$(A, <_1)^{\circ(B,\ <_2)} \quad \text{あるいは簡単に} \quad A^{\circ B}$$

と書く. これを基礎として, つぎの定義をおく:

定義. α を任意の順序数, β を 0 ならざる順序数とする. このとき, $\langle A \rangle = \alpha$, $\langle B \rangle = \beta$ なる整列集合 A, B に対して, A の B 乗: $A^{\circ B}$ の順序数を α の β **乗**といい, α^β と書く. また, 任意の順序数 α に対して, 1 を α の 0 乗といい α^0 と書く.

注意1. $\alpha^1 = \alpha$, $1^\alpha = 1$. また, $\alpha > 0$ ならば $0^\alpha = 0$ である.

例1. A を任意の整列集合とし, その最初の元を a_0 とする. また, $B = (b_0, b_1, \cdots, b_{n-1})$ とおく. このとき, B から A への任意の関数を φ とすれば, もちろん $\varphi(x) \neq a_0$ なる x は有限個しかあり得ない. よって $\varphi \in A^{\circ B}$. すなわち, この場合 $A^{\circ B}$ は集合としては配置集合 A^B に一致する.

$A^{\circ B}$ の元 φ, ψ をとり, それらによる $b_0, b_1, \cdots, b_{n-1}$ の像を
$$\varphi(b_0), \ \varphi(b_1), \ \cdots, \ \varphi(b_{n-1})$$
$$\psi(b_0), \ \psi(b_1), \ \cdots, \ \psi(b_{n-1})$$
と並べよう. このとき, $\varphi(b_{n-1}) < \psi(b_{n-1})$ ならば, $\varphi(x) \neq \psi(x)$ なる x のうちの最後の元は b_{n-1} であるから $\varphi < \psi$. また, $\varphi(b_{n-1}) = \psi(b_{n-1})$, $\varphi(b_{n-2}) < \psi(b_{n-2})$ ならば, $\varphi(x) \neq \psi(x)$ なる x のうちの最後の元は b_{n-2} であるから $\varphi < \psi$. 同様にして一般に, $\varphi(b_{n-1}) = \psi(b_{n-1})$, $\varphi(b_{n-2}) = \psi(b_{n-2})$, $\cdots$, $\varphi(b_{n-i}) = \psi(b_{n-i})$, $\varphi(b_{n-i-1}) < \psi(b_{n-i-1})$ ならば, $\varphi < \psi$ である.

ここで, とくに $A = (a_0, a_1, \cdots, a_{m-1})$ とおけば, $A^{\circ B}(=A^B)$ は m^n 個の元をもつ. よって, 上に定義した順序数の巾は, 有限順序数の巾の拡張になっている.

§7. 巾の性質

本節では, 巾のもつ性質について述べる.

定理17. $\beta < \beta'$, $\alpha > 1$ ならば $\alpha^\beta < \alpha^{\beta'}$ である.

[証明] $\langle A \rangle = \alpha$, $\langle B' \rangle = \beta'$ なる A, B' をとれば, $\beta < \beta'$ より, B' には $\langle B'(b) \rangle = \beta$ となるような切片 $B'(b)$ がある. この $B'(b)$ を B とする. また, A の最初の元を a_0, そのつぎの元を a_1, さらに $A^{\circ B'}$ を C とおこう.

$A^{\circ B}$ の元 φ は, $B(=B'(b))$ から A への関数の一種であ

る．いま，この φ を利用して，B' の任意の元 x に対し，$\varphi'(x)$ なるものをつぎのように定義する：

$$\varphi'(x) = \begin{cases} \varphi(x) & (x<b \text{ すなわち } x \in B \text{ のとき}) \\ a_0 & (x>b \text{ または } x=b \text{ のとき}). \end{cases}$$

さすれば，この φ' は B' から A への関数である．しかも，$\varphi(x) \neq a_0$ なる x は有限個しかないのであるから，$\varphi'(x) \neq a_0$ なる x も当然有限個しかあり得ない．ゆえに $\varphi' \in A^{\circ B'} = C$.

また，

$$\varphi_0(x) = \begin{cases} a_1 & (x=b \text{ のとき}) \\ a_0 & (x \neq b \text{ のとき}) \end{cases}$$

なる C の元 φ_0 を考えれば，$\varphi'(x) \neq \varphi_0(x)$ なる最後の x は b に等しく，しかも $\varphi'(b)=a_0<a_1=\varphi_0(b)$ であるから，$\varphi'<\varphi_0$．よって，$A^{\circ B}$ の各元 φ にかくしてつくられた φ' を対応させることにすれば，これは $A^{\circ B}$ から切片 $C(\varphi_0)$ への関数になる．しかも，これが同型対応であることはたやすく知られる．よって

$$\alpha^\beta = \langle A^{\circ B} \rangle = \langle C(\varphi_0) \rangle < \langle C \rangle = \alpha^{\beta'}.$$

定理 18． $\alpha<\alpha'$ ならば $\alpha^\beta \leq \alpha'^\beta$ である．

定理 19． W を，順序数を元とする任意の集合とすれば，$\alpha>0$ なる任意の α に対して

$$\alpha^{\sup_{\beta \in W} \beta} = \sup_{\beta \in W} \alpha^\beta$$

が成立する．ここに右辺は，α と W の元 β とからつくられる巾 α^β の全体からなる集合の上限を表わす．

定理 20. $\alpha^{\beta+\gamma}=\alpha^\beta\alpha^\gamma$.

以上三つの定理の証明は，読者自ら試みてみられたい．

例 1. 定理 20 により，$\alpha^2=\alpha^{1+1}=\alpha^1\alpha^1=\alpha\alpha$, $\alpha^3=\alpha^{2+1}=\alpha^2\alpha^1=\alpha\alpha\alpha$. 同様にして，一般に，$\alpha^n=\overbrace{\alpha\alpha\cdots\alpha}^{n}$ であることが知られる．

例 2. $\alpha^\omega\alpha=\alpha^\omega\alpha^1=\alpha^{\omega+1}$, $\alpha\alpha^\omega=\alpha^1\alpha^\omega=\alpha^{1+\omega}=\alpha^\omega$. よって $\alpha\alpha^\omega<\alpha^\omega\alpha$.

例 3. $W=(0, 1, 2, \cdots, n, \cdots)$ とおけば，$\sup_{n\in W} n=\omega$. ゆえに $2^\omega=\sup_{n\in W} 2^n$. しかるに，右辺は W の元 n からつくられた巾：2^n の全体の集合，すなわち，$(2^0, 2^1, \cdots, 2^n, \cdots)$ の上限であるから，ω に等しい．よって $2^\omega=\omega$. 同様にして，1 より大きい任意の有限順序数 n に対して $n^\omega=\omega$ であることが知られる．これと，濃度の関係式 $n^{\aleph_0}=\aleph>\aleph_0 (n>1)$ とを，混同しないよう十分に注意されたい．

注意 1. 例 3 により $2^\omega=3^\omega=\omega$. よって，$1<\alpha<\alpha'$ でも $\alpha^\beta<\alpha'^\beta$ となるとはかぎらない．

注意 2. $W=(2, 3, 4, \cdots, n, \cdots)$ とおけば，$\sup_{n\in W} n=\omega$. また，$n\in W$ ならば $n^\omega=\omega$ であるから $\sup_{n\in W} n^\omega=\omega$. よって，$\sup_{n\in W} n^\omega<\omega^\omega=(\sup_{n\in W} n)^\omega$. したがって，一般に $\sup_{\alpha\in W}\alpha^\beta=(\sup_{\alpha\in W}\alpha)^\beta$ は成立しない．

定理 21. $(\alpha^\beta)^\gamma=\alpha^{\beta\gamma}$.

注意 3. 巾の定義から直接に示すこともできるが，ここでは超限帰納法によって証明する：

［証明］ δ を 0 より大きな任意の順序数とし，0, δ 間の超限帰納法によって，$\xi (0\leq\xi<\delta)$ についての命題 $(\alpha^\beta)^\xi=\alpha^{\beta\xi}$ の正しいことをたしかめる．

(1) $\xi=0$ のとき：$(\alpha^\beta)^0=1$, $\alpha^{\beta 0}=\alpha^0=1$. よって命題は成立する．

(2) $0 \leqq \xi < \nu (<\delta)$ なる ξ について命題は正しいとせよ.

(a) ν が孤立数ならば;$\nu = \xi^+$ とおくとき, $0 \leqq \xi < \nu$. よって
$$(\alpha^\beta)^\nu = (\alpha^\beta)^{\xi+1} = (\alpha^\beta)^\xi (\alpha^\beta) = \alpha^{\beta\xi} \alpha^\beta$$
$$= \alpha^{\beta\xi + \beta} = \alpha^{\beta(\xi+1)} = \alpha^{\beta\nu}.$$

(b) ν が極限数ならば;$W\{\nu\} = W$ とおくとき, $\sup_{\xi \in W} \xi = \nu$. よって
$$(\alpha^\beta)^\nu = \sup_{\xi \in W}(\alpha^\beta)^\xi = \sup_{\xi \in W} \alpha^{\beta\xi} = \alpha^{\sup_{\xi \in W}(\beta\xi)}$$
$$= \alpha^{\beta \sup_{\xi \in W} \xi} = \alpha^{\beta\nu}.$$

ゆえに, いずれにしても $(\alpha^\beta)^\nu = \alpha^{\beta\nu}$ である.

こうして, $0 \leqq \xi < \delta$ なる任意の ξ に対して $(\alpha^\beta)^\xi = \alpha^{\beta\xi}$ の成立することがわかった. いま, γ を任意の順序数とすれば, $\gamma^+ = \delta$ とおくとき $0 \leqq \gamma < \delta$. ゆえに $(\alpha^\beta)^\gamma = \alpha^{\beta\gamma}$.

注意 4. $\alpha > 1$ ならば $(\alpha\alpha)^\omega = (\alpha^2)^\omega = \alpha^{2\omega} = \alpha^\omega < \alpha^\omega \alpha^\omega$. したがって, 一般に $(\alpha\beta)^\gamma = \alpha^\gamma \beta^\gamma$ は成り立たない.

問 14. $A \simeq A'$, $B \simeq B'$ ならば, $A^{\circ B} \simeq A'^{\circ B'}$ であることを示せ.

問 15°. $\alpha > 1$ ならば, 任意の β に対して $\beta \leqq \alpha^\beta$ であることを示せ.

問 16°. 定理 18 を証明せよ.

問 17°. 定理 19 を証明せよ.

問 18°. 定理 20 を証明せよ.

問 19°. $\alpha \geqq \beta > 1$ なる α, β に対して
$$\alpha = \beta^\gamma \delta + \rho, \quad \gamma \geqq 1, \quad \beta > \delta \geqq 1, \quad \beta^\gamma > \rho$$
なる γ, δ, ρ がただ一組あることを示せ ($\alpha \geqq \beta^\xi$ なる ξ 全体の集

合の上限を γ とし，α を β^γ で割る．問 12 を参照）．

§8. ε-数

前節問 15 によれば，任意の α に対して $\omega^\alpha \geqq \alpha$ である．とくに，$\omega^\alpha = \alpha$ となるような α を ε-数という．

定理 22. ξ を任意の順序数とすれば

$$\xi,\ \omega^\xi,\ \omega^{\omega^\xi},\ \omega^{\omega^{\omega^\xi}},\ \cdots$$

なる順序数全体の集合 A の上限は一つの ε-数である．

［証明］ $\sup_{\beta \in A} \beta = \varepsilon$ とおけば

$$\omega^\varepsilon = \omega^{\sup_{\beta \in A} \beta} = \sup_{\beta \in A} \omega^\beta.$$

ところで，この右辺は，A の元 β からつくられた巾 ω^β, すなわち

$$\omega^\xi,\ \omega^{\omega^\xi},\ \omega^{\omega^{\omega^\xi}},\ \omega^{\omega^{\omega^{\omega^\xi}}},\ \cdots$$

なる数全体の集合 B の上限である．しかるに，前節問 15 によって

$$\xi \leqq \omega^\xi \leqq \omega^{\omega^\xi} \leqq \omega^{\omega^{\omega^\xi}} \leqq \omega^{\omega^{\omega^{\omega^\xi}}} \leqq \cdots$$

であるから，B の上限は A の上限と一致する．ゆえに $\omega^\varepsilon = \varepsilon$.

かくして得られる ε-数を，ξ に属する ε-数といい ε_ξ と書く．

注意 1. ξ が ε-数ならば $\xi = \omega^\xi = \omega^{\omega^\xi} = \cdots$. よって，定理における A の上限は ξ に等しい．つまり，任意の ε-数 ξ は ξ 自身に

属する：$\xi=\varepsilon_\xi$.

注意2. $\alpha<\beta$ ならば，明らかに $\varepsilon_\alpha\leqq\varepsilon_\beta$ である．

注意3. 注意1，注意2により，ε_0 は最小の ε-数である．これは

$$0,\ \omega^0(=1),\ \omega,\ \omega^\omega,\ \omega^{\omega^\omega},\ \omega^{\omega^{\omega^\omega}},\ \cdots$$

なる順序数全体の集合の上限にほかならない．通常，これを

$$\omega^{\omega^{\omega^{\cdot^{\cdot^{\cdot^\omega}}}}}$$

と書く．

§9. 順序数と濃度との関係

同型対応は一対一であるから，整列集合 A, B が同型ならば，それらはまた対等である．よって，順序数 α に対して $\langle A\rangle=\alpha$ なる A をとれば，その濃度 $|A|$ は α だけで定まり，A のとり方にはかかわらない．これを $|\alpha|$ と書き，α の濃度という．すなわち，$\langle A\rangle=\alpha$ ならば $|A|=|\alpha|$.

有限順序数 n に対しては $|n|=n$；また $|\omega|=\aleph_0$ である．さきに，有限整列集合の順序数 α を第一級，可付番整列集合の順序数 α を第二級といったが，これらはそれぞれ，$|\alpha|$ が有限および可付番ということにほかならない．

一般に，任意の順序数 α に対して，$|\alpha|=\mathfrak{a}$ ということと，α が $\mathfrak{a}$-順序型であるということとは同じである．

以下に，α と $|\alpha|$ との関係を調べよう．

(a) $\alpha<\beta$ ならば $|\alpha|\leqq|\beta|$.

[証明] $\langle B\rangle=\beta$ なる B をとれば，B は $\langle B(b)\rangle=\alpha$ なる

切片 $B(b)$ をもつ．ところで，$B(b) \subseteq B$ より $|B(b)| \leq |B|$．よって $|\alpha| \leq |\beta|$．

(b)　$|\alpha+\beta|=|\alpha|+|\beta|$．

［証明］　$\langle A \rangle=\alpha$, $\langle B \rangle=\beta$, $A \cap B=\emptyset$ とすれば，$\langle A+B \rangle=\alpha+\beta$．よって $|\alpha+\beta|=|A+B|=|A|+|B|=|\alpha|+|\beta|$．

例 1.　(b)により $|\omega+\omega|=|\omega|+|\omega|=\aleph_0+\aleph_0=\aleph_0$．また，$n$ が有限ならば $|\omega+n|=|\omega|+|n|=\aleph_0+n=\aleph_0$．同様にして，一般に第一級ないしは第二級の順序数の和は，やはり第一級ないしは第二級であることがわかる．

(c)　$|\alpha\beta|=|\alpha||\beta|$．

［証明］　$\langle A \rangle=\alpha$, $\langle B \rangle=\beta$ とすれば，$\langle A \times B \rangle=\alpha\beta$．よって $|\alpha\beta|=|A \times B|=|A||B|=\alpha\beta$．

例 2.　(c)により $|\omega\omega|=|\omega||\omega|=\aleph_0\aleph_0=\aleph_0$．同様にして，一般に第一級ないしは第二級の順序数の積は，また第一級ないしは第二級であることが知られる．

(d)　第一級または第二級の順序数を元とする高々可付番な集合を A とすれば，その上限はまた第一級かあるいは第二級である．

［証明］　§2の定理 4，および問 3（166 ページ）によって，A の上限は整列集合 $\bigcup_{\alpha \in A} W\{\alpha\}$ の順序数に等しい．しかるに，A の元 α はすべて第一級ないしは第二級であるから，$W\{\alpha\}$ はすべて高々可付番である．したがって，その和集合 $\bigcup_{\alpha \in A} W\{\alpha\}$ も高々可付番でなくてはならない．ゆえに，A の上限は第一級ないしは第二級である．

(e) α, β が第一級ないしは第二級ならば,α^β も第一級ないしは第二級である.

[証明] α が 0 あるいは 1 ならば定理は明らかであるから,$\alpha > 1$ と仮定する.いま,第一級および第二級の順序数全体の集合の上限を Ω とし,$0, \Omega$ 間の超限帰納法によって,$0 \leq \xi < \Omega$ なるどの ξ についても,α^ξ が第一級ないしは第二級であることを示そう:

(1) $\xi = 0$ ならば:$\alpha^0 = 1$ であるから,α^ξ は第一級である.

(2) $0 \leq \xi < \nu (<\Omega)$ なる任意の ξ について,α^ξ は第一級ないしは第二級であるとする.

(i) ν が孤立数ならば:$\nu = \xi^+$ とおくとき,$0 \leq \xi < \nu$ であるから $|\alpha^\nu| = |\alpha^{\xi+1}| = |\alpha^\xi \alpha| = |\alpha^\xi||\alpha| \leq \aleph_0 \aleph_0 = \aleph_0$. ゆえに,$\alpha^\nu$ は第一級ないしは第二級である.

(ii) ν が極限数ならば:$W\{\nu\} = W$ とおくとき,$\sup_{\xi \in W} \xi = \nu$. よって,$\alpha^\nu = \sup_{\xi \in W} \alpha^\xi$. しかるに,$\nu$ は第一級ないしは第二級であるから,W は高々可付番である.よって,その元 ξ からつくられる巾 α^ξ の全体からなる集合も高々可付番である.さすれば,(d)によって,α^ν も第一級ないしは第二級である.

こうして,$0 \leq \xi < \Omega$ なる任意の ξ について,α^ξ の第一級ないしは第二級であることがわかった.一方,Ω は第二級ではない.もしそうならば,例 1 により $\Omega + 1 (> \Omega)$ も第二級となって,Ω の定義にそむくからである.よって,$0 \leq \xi < \Omega$ なる ξ は第一級ないしは第二級の順序数の全体

である．したがって，定理は証明された．

注意1． 例1, 例2, (d), (e)により，第一級ないしは第二級の順序数の和，積，巾はすべて第一級ないしは第二級であり，そのようなものの可付番集合の上限もまた第一級ないしは第二級であることが知られた．したがって，つぎのようなものはすべて第一級ないしは第二級である（l, m, n は自然数）：

$0, 1, 2, \cdots, n, \cdots, \omega, \omega+1, \cdots, \omega+n, \cdots, \omega 2, \omega 2+1, \cdots,$ $\omega 3, \cdots, \omega m+n, \cdots, \omega^2, \omega^2+1, \cdots, \omega^2+\omega m+n, \cdots, \omega^2 2,$ $\cdots, \omega^2 l+\omega m+n, \cdots, \omega^3, \cdots, \omega^n, \cdots, \omega^\omega, \omega^\omega+1, \cdots, \omega^\omega+\omega^n,$ $\cdots, \omega^\omega 2, \cdots, \omega^\omega n, \cdots, \omega^{\omega+1}, \cdots, \omega^{\omega 2}, \cdots, \omega^{\omega n}, \cdots, \omega^{\omega^2}, \cdots,$ $\omega^{\omega^n}, \cdots, \omega^{\omega^\omega}, \cdots, \omega^{\omega^{\omega^\omega}}, \cdots, \omega^{\omega^{\cdot^{\cdot^{\cdot^\omega}}}}, \cdots, \omega^{\omega^{\cdot^{\cdot^{\cdot^\omega}}}}+1,$ $\cdots$．

さて，上において，われわれは，$|\alpha|=\aleph_0$ ならば $|\alpha+\alpha|=|\alpha\alpha|=|\alpha|$ となることを知った．つぎに，これが一般の超限順序数 α についても成立することを示そう．

定理23． α が超限順序数ならば，$|\alpha+\alpha|=|\alpha|$ である．

[証明] §4の問12によって，$\alpha=\omega\beta+\rho, \rho<\omega$ なる β, ρ がある．したがって，$|\alpha|=|\omega\beta+\rho|=|\omega\beta|+|\rho|=\aleph_0|\beta|+|\rho|$．しかるに，$\alpha$ は超限順序数だから $\beta\geq 1$．ゆえに $\aleph_0|\beta|$ は無限濃度である．一方，$|\rho|$ は有限だから，$|\alpha|=\aleph_0|\beta|$．これより $|\alpha+\alpha|=|\alpha|+|\alpha|=\aleph_0|\beta|+\aleph_0|\beta|=(\aleph_0+\aleph_0)|\beta|=\aleph_0|\beta|=|\alpha|$ をうる．

注意2． α が超限順序数のとき，$\beta\leq\alpha$ ならば $|\alpha+\beta|=|\alpha|=|\beta+\alpha|$ である．なぜならば：$\alpha\leq\alpha+\beta\leq\alpha+\alpha$ より $|\alpha|\leq|\alpha+\beta|\leq|\alpha+\alpha|=|\alpha|$, すなわち $|\alpha+\beta|=|\alpha|$．同様にして $|\beta+\alpha|=|\alpha|$ も得られる．

定理 24. α が超限順序数ならば，$|\alpha\alpha|=|\alpha|$ である．

[証明] §7 の問 19 における β を 2 ととれば，$\alpha=2^\gamma+\rho$, $\rho<2^\gamma$ なる γ, ρ のあることがわかる．明らかに，γ は超限順序数である．これを用いれば，$|\alpha|=|2^\gamma+\rho|=|2^\gamma|+|\rho|$. しかるに $\rho<2^\gamma$ だから $|\alpha|=|2^\gamma|$. よって，$|\alpha\alpha|=|\alpha||\alpha|=|2^\gamma||2^\gamma|=|2^\gamma 2^\gamma|=|2^{\gamma+\gamma}|$.

ところで，$\langle C\rangle=\gamma$ なる C をとれば，$\langle(0,1)^{\circ C}\rangle=2^\gamma$ かつ $\langle(0,1)^{\circ(C+C)}\rangle=2^{\gamma+\gamma}$. しかして，$(0,1)^{\circ C}$ は，C から $(0,1)$ への関数 φ のうちで，有限個の x を除いては $\varphi(x)=0$ となるものの全体である．同様に，$(0,1)^{\circ(C+C)}$ は，$C+C$ から $(0,1)$ への関数 ψ のうちで，有限個の x を除いては $\psi(x)=0$ となるものの全体に等しい．一方，$|C|=|\gamma|=|\gamma+\gamma|=|C+C|$ だから $C\sim C+C$. これよりただちに $(0,1)^{\circ C}\sim(0,1)^{\circ(C+C)}$ をうる．よって $|2^\gamma|=|(0,1)^{\circ C}|=|(0,1)^{\circ(C+C)}|=|2^{\gamma+\gamma}|$. ゆえに $|\alpha|=|\alpha\alpha|$.

注意 3. α が超限順序数のとき，$\alpha\geqq\beta\geqq 1$ ならば $|\alpha\beta|=|\alpha|=|\beta\alpha|$ である．なぜならば：$\alpha\leqq\alpha\beta\leqq\alpha\alpha$ より $|\alpha|\leqq|\alpha\beta|\leqq|\alpha\alpha|=|\alpha|$, すなわち $|\alpha\beta|=|\alpha|$. 同様にして $|\beta\alpha|=|\alpha|$ も得られる．

注意 4. 定理 23, 定理 24 により，無限濃度 $\mathfrak{a}$ に対して $\mathfrak{a}=|\alpha|$ なる順序数 α があれば
$$\mathfrak{a}+\mathfrak{a}=|\alpha|+|\alpha|=|\alpha+\alpha|=|\alpha|=\mathfrak{a},$$
$$\mathfrak{a}\mathfrak{a}=|\alpha||\alpha|=|\alpha\alpha|=|\alpha|=\mathfrak{a}$$
となることが知られる．しかし，まえにも述べたように，任意の濃度 $\mathfrak{a}$ に対してこのような α があるかどうかはまだわからない．つぎの章で，その存在が示される．

Ⅳ. 整列可能定理

これまで，われわれはいろいろの順序集合について調べてきたが，任意の集合が与えられたとき，その上に順序が存在するかどうか，とか，存在するとすればその中にはどのようなものがあるか，とかいうような種類の問題はまだ考えていない．

本章では，任意の集合の上に順序を定義して，それを整列集合にできることを証明しようと思う．これを整列可能定理という．

§1. 選択公理

有限個の空でない集合 $A_1, A_2, \cdots, A_n$ が与えられたならば，それらの集合から元を一つずつ選び出しうることは明らかである．つまり，$I=\{1, 2, \cdots, n\}$ を添え字の集合とする集合系 $A_i (i \in I)$ において，もしどの A_i も空でないならば，各 i に対し，$\alpha_i \in A_i$ なる α_i を選び出すことが可能である．

さて，このようなことは，I が有限集合とはかぎらないような一般の集合系 $A_i (i \in I)$ についても，当然できてよいことがらであると思われるであろう．すなわち，一般の集合系 $A_i (i \in I)$ において，もしどの A_i も空でないならば，各 i に対して $\alpha_i \in A_i$ なる α_i を選出しうると考えられるであろう．

しかしながら，一方からいえば，"無限に多く" の集合

A_i から元を一つずつ選び出すということが，それほど簡単なことであろうか，という疑問もおこらないわけではない．

それでは，一体これはできることなのであろうか，それともできないことなのであろうか．——くわしくはいわないが，実をいえば，これはいろいろの議論や研究の対象となってきたところのきわめて難しい問題なのである．

ところで，そうはいっても，上のことがらそのものが，可能であってもさしておかしくないものであることは，まずまちがいないであろう．

そこで，われわれはその可能性を一つの"公理"として仮定し，これを"選択公理"とよぶことにする[3]．

選択公理． 集合系 $A_i (i \in I)$ において，どの A_i も空でないとすれば，各 i に対し，A_i から元 α_i を一つずつ選び出すことができる．あるいは，もっと別の言葉でいえば，添え字の集合 I から集合 $\bigcup_{i \in I} A_i$ への関数 α のうちで，I のどの元 i の像 α_i も A_i に属するようなものが存在する．この関数 α を集合系 $A_i (i \in I)$ の**選択関数**という．

これが，つぎのことと同じであることは明らかであろう：

集合系 $A_i (i \in I)$ において，どの A_i も空でないならば，その結合集合 $\Pi_{i \in I} A_i$ も空ではない．

注意 1． 空でない集合 A の空でない部分集合の全体を $\mathfrak{A}$ とす

---

[3] 選択公理はツェルメロ（Zermelo）という人によって提起された．そのため，**ツェルメロの公理**といわれることもある．

る：$\mathfrak{A}=2^A-\{\emptyset\}$. いま，$\mathfrak{A}$ の元 X に X 自身を対応させる関数を B としよう：$B_X=X$. しからば，これは $\mathfrak{A}$ を添え字の集合とする集合系：$B_X\ (X\in\mathfrak{A})$ である．さて，これに選択公理を用いれば，選択関数を φ とするとき，$\mathfrak{A}$ の各元 X に対して $\varphi_X\in B_X=X$. これは，集合 A の空でない各部分集合 X から，元 $\varphi_X=\varphi(X)$ を一つずつ選び出しうる，ということにほかならない．この φ を，A の"**上の**"**選択関数**という．

注意 2. さきに，任意の無限集合 A は可付番な部分集合をもつことを証明した（90 ページ）．その際，われわれは，A から元 a_1 を選び，つぎに $A-\{a_1\}$ から元 a_2 を選び，さらにつぎに $A-\{a_1, a_2\}$ から元 a_3 を選び，… というふうに操作をすすめ，その結果として可付番集合 $\{a_1, a_2, \cdots, a_n, \cdots\}$ を得たわけである．しかし，容易に知られるように，実は，この証明は選択公理を暗々裡に用いている．いま，この証明をはっきりとした形に書くとすればつぎのようになるであろう：A の上の選択関数を φ とし，まず $a_1=\varphi(A)$ とおく．つぎに，これを利用して $a_2=\varphi(A-\{a_1\})$ とおく．同様にして，一般に $a_n=\varphi(A-\{a_1, a_2, \cdots, a_{n-1}\})$ とおく．さすれば，$\{a_1, a_2, \cdots, a_n, \cdots\}$ は A の可付番部分集合である．

以下に，われわれは，選択公理を用いて整列可能定理を証明しよう．

§2. 整列可能定理

本節では，任意の空でない集合 A に順序を定義して，整列集合にできることを証明する．

以下において，A の上の選択関数を φ とし，A の空ならざる部分集合 B に対する $\varphi(B)$ を B の**代表**とよぶことにしよう．はじめに，証明の要点を述べる：

まず，A の代表を a_0 とする．つぎに，A から a_0 を除い

た残り $A-\{a_0\}$ の代表 $\varphi(A-\{a_0\})$ を a_1 とする．さらにつぎに，$A-\{a_0, a_1\}$ の代表を a_2 とする．以下全く同様に続けていく．さて，このようにして $a_0, a_1, \cdots, a_n, \cdots$ なる元の列が得られたならば，つぎには $A-\{a_0, a_1, \cdots, a_n, \cdots\}$ の代表を a_ω とする．そのつぎには，$A-\{a_0, a_1, \cdots, a_n, \cdots, a_\omega\}$ の代表を $a_{\omega+1}$ とする．かくして，また以下同様に続けていく．すなわち，一般に，ある順序数 α よりも小さいすべての順序数 ξ について a_ξ がとられたならば，つぎには A からこれらの a_ξ を全部引いた残りの代表を a_α とするのである．ところで，この操作を限りなく続ければ，いつかは A の元がなくなって，もうそれ以上 a_α をとることができないというところにくるに違いない．そうすれば，それで，A のあらゆる元を網羅した整列集合：

$$(a_0, a_1, a_2, \cdots, a_\omega, a_{\omega+1}, \cdots)$$

が得られたことになるであろう——．

証明を，いくつかの段階に分けて述べる．

（Ⅰ） A の部分集合 Γ は，つぎの条件をみたすとき**ガンマ列**であるといわれる：

(a) Γ は整列集合である．

(b) Γ の元 a は，A と切片 $\Gamma(a)$ との差 $A-\Gamma(a)$ の代表である：
$$a = \varphi(A-\Gamma(a)).$$

例 1．$\varphi(A)=a_0$ とおけば，$\Gamma=(a_0)$ はガンマ列である．なぜならば，$A-\Gamma(a_0)=A-\varnothing=A$ より，$a_0=\varphi(A)=\varphi(A-\Gamma(a_0))$ となるからである．

注意 1. 以下では，簡単のために，$(b_0, b_1, \cdots)$ が整列集合のとき，集合 $A-\{b_0, b_1, \cdots\}$ を $A-(b_0, b_1, \cdots)$ と書くことにする．

例 2. $\varphi(A)=a_0$, $\varphi(A-(a_0))=a_1$ とおけば，$\varGamma=(a_0, a_1)$ はガンマ列である．なぜならば：$a_0=\varphi(A)=\varphi(A-\varGamma(a_0))$, $a_1=\varphi(A-(a_0))=\varphi(A-\varGamma(a_1))$.

例 3. $\varphi(A)=a_0$, $\varphi(A-(a_0))=a_1$, $\varphi(A-(a_0, a_1))=a_2$, 一般に $\varphi(A-(a_0, a_1, \cdots, a_{n-1}))=a_n$ とおく．さすれば，$\varGamma=(a_0, a_1, \cdots, a_n, \cdots)$ はガンマ列である．なぜならば：$a_n=\varphi(A-(a_0, a_1, \cdots, a_{n-1}))=\varphi(A-\varGamma(a_n))$.

例 4. 例 3 の $a_0, a_1, \cdots, a_n, \cdots$ に加えて，$\varphi(A-(a_0, a_1, \cdots, a_n, \cdots))=a_\omega$ とおく．そうすれば，$\varGamma=(a_0, a_1, \cdots, a_n, \cdots, a_\omega)$ はガンマ列である．なぜならば：$a_n=\varphi(A-\varGamma(a_n))$, かつ $a_\omega=\varphi(A-(a_0, a_1, \cdots, a_n, \cdots))=\varphi(A-\varGamma(a_\omega))$.

注意 2. $\varGamma$ をガンマ列とすれば，その最初の元 a_0 は $\varphi(A)$ に等しい：$a_0=\varphi(A-\varGamma(a_0))=\varphi(A-\varnothing)=\varphi(A)$.

（Ⅱ）二つのガンマ列 $\varGamma_1, \varGamma_2$ をとれば，$\varGamma_1=\varGamma_2$ であるか，さもなければ，一方が他方の切片である．

［証明］ $\varGamma_1$ も $\varGamma_2$ も整列集合だから，つぎの三つの場合のうちのどれか一つが成立する：

（ⅰ）$\varGamma_1$ と $\varGamma_2$ とは同型

（ⅱ）$\varGamma_1$ は $\varGamma_2$ のある切片 $\varGamma_2(b)$ と同型

（ⅲ）$\varGamma_2$ は $\varGamma_1$ のある切片 $\varGamma_1(a)$ と同型．

いま，たとえば，（ⅱ）の場合がおこったとし，$\varGamma_1$ から $\varGamma_2(b)$ への同型対応を f とおく．$\varGamma_1$ のどの元 a についても $f(a)=a$ であることを証明する．いま，かりに $f(a) \neq a$ なる元 a があったとし，その最初の元を c とする．さすれば，c より小さい $\varGamma_1$ の元，すなわち $\varGamma_1(c)$ の元 a に対して

は $f(a)=a$. よって, $\Gamma_1(c)$ と $\Gamma_2(f(c))$ とは一致する. ゆえに, $c=\varphi(A-\Gamma_1(c))=\varphi(A-\Gamma_2(f(c)))=f(c)$. しかし, これは $c \neq f(c)$ ということに矛盾する. こうして, Γ_1 のすべての元 a に対して $f(a)=a$, すなわち $\Gamma_1=\Gamma_2(b)$ であることがわかった.

（ⅰ）や（ⅲ）の場合にも, 同様にしてそれぞれ $\Gamma_1=\Gamma_2$, $\Gamma_1(a)=\Gamma_2$ であることが知られる.

　（Ⅲ）すべてのガンマ列（から成る集合族）の和集合を Γ とすれば, これを, すべてのガンマ列をその部分順序集合とするような順序集合にすることができる.

［証明］Γ の元 a, b に対して, a を含むガンマ列を Γ_1, b を含むガンマ列を Γ_2 とすれば, （Ⅱ）によって $\Gamma_1 \subseteq \Gamma_2$ かまたは $\Gamma_2 \subseteq \Gamma_1$. よって, Γ_1 か Γ_2 かのいずれかは, a, b をともに含んでいる. すなわち, Γ のどの二元 a, b に対しても, それらをともに含むガンマ列が存在する. いま, a, b をともに含むガンマ列において $a < b$ であるとき, Γ においても $a < b$ であると定義しよう. しからば, （Ⅱ）により, この "<" の定義は, a, b を含むガンマ列の選び方にかかわらない. "<" が Γ の上の順序であることは明らかである. また, いかなるガンマ列も, かくして得られた順序集合 Γ の部分順序集合である.

　（Ⅳ）（Ⅲ）における順序集合 Γ は整列集合である.

［証明］Γ の空ならざる部分集合を C とし, その一つの元 a をとる. いま, a を含む任意のガンマ列を Γ_1 とし, $C \cap \Gamma_1$ をつくれば, それは整列集合 Γ_1 の空ならざる部分

集合として最初の元 c_0 をもつ．しからば，これは C の最初の元である．なぜならば：$c<c_0$ なる C の元 c があるとすれば，これは $C\cap\varGamma_1$ には属し得ないから，$\varGamma_1$ にも属さない．よって，c を含むガンマ列 $\varGamma_2$ をとれば，$\varGamma_1$ は $\varGamma_2$ のある切片 $\varGamma_2(b)$ である．さすれば，$\varGamma_2$ では $c_0<b$ で，かつ $b=c$ または $b<c$．よって，$c_0<c$．これは矛盾である．こうして，C は最初の元 c_0 をもつことがわかった．すなわち，$\varGamma$ は整列集合である．

（Ⅴ） $\varGamma$ はガンマ列である．

[証明] $\varGamma$ の切片 $\varGamma(a)$ の元 b は，a を含むすべてのガンマ列に含まれる．なぜならば：a を含むあるガンマ列 $\varGamma_1$ が b を含まなければ，b を含むガンマ列を $\varGamma_2$ とするとき，$\varGamma_1$ は $\varGamma_2$ のある切片で，かつ $\varGamma_2$ においては $a<b$．しかし，これは $b\in\varGamma(a)$ に矛盾する．よって，$\varGamma(a)$ は，a を含む任意のガンマ列 $\varGamma_1$ の切片 $\varGamma_1(a)$ に等しい．したがって，$\varGamma$ の任意の元 a に対して，$a=\varphi(A-\varGamma_1(a))=\varphi(A-\varGamma(a))$．すなわち，$\varGamma$ はガンマ列である．

（Ⅵ） A の元はすべて $\varGamma$ に含まれる．すなわち $A=\varGamma$ である．

[証明] かりに $A-\varGamma\neq\emptyset$ としよう．さすれば，$\varphi(A-\varGamma)=a$ とおくとき，$\varGamma_1=\varGamma+(a)$ はまた一つのガンマ列である．ところで，$\varGamma$ はすべてのガンマ列の和集合なのであるから，$\varGamma_1\subseteq\varGamma$．ゆえに $a\in\varGamma$．しかし，これは矛盾である．よって $\varGamma=A$．

以上によって，つぎの定理が証明された：

定理 1. 任意の集合は,その上に順序を定義して整列集合にすることができる(整列可能定理).

§3. 整列可能定理の応用

整列可能定理から得られる結果について一言する.

定理 2. $\mathfrak{a}$, $\mathfrak{b}$ を任意の濃度とすれば
$$\mathfrak{a}<\mathfrak{b},\ \mathfrak{a}=\mathfrak{b},\ \mathfrak{a}>\mathfrak{b}$$
のうちの一つ,しかもただ一つだけが成立する.

[証明] $\mathfrak{a}<\mathfrak{b}$, $\mathfrak{a}=\mathfrak{b}$, $\mathfrak{a}>\mathfrak{b}$ のどの二つも両立しないことはすでにわかっているから,これらのうちの少なくとも一つがおこることをいえばよい.

$|A|=\mathfrak{a}$, $|B|=\mathfrak{b}$ なる A, B をとり, A, B に順序を与えて整列集合にする.しからば, $A \simeq B$, $A \simeq B(b)$, $A(a) \simeq B$ のうちのいずれか一つが成立する.ゆえに, $|A|=|B|$ または $|A|=|B(b)| \leq |B|$ または $|A| \geq |A(a)|=|B|$, すなわち $\mathfrak{a}=\mathfrak{b}$ または $\mathfrak{a} \leq \mathfrak{b}$ または $\mathfrak{a} \geq \mathfrak{b}$. したがって, $\mathfrak{a}<\mathfrak{b}$, $\mathfrak{a}=\mathfrak{b}$, $\mathfrak{a}>\mathfrak{b}$ のうちの少なくとも一つが成立する.

この定理を**濃度の比較可能定理**という.

定理 3. $\mathfrak{a}$ を任意の無限濃度とすれば, $\mathfrak{a}+\mathfrak{a}=\mathfrak{a}\mathfrak{a}=\mathfrak{a}$ である.

[証明] $|A|=\mathfrak{a}$ なる A をとり, A に順序を与えて整列集合にする.しからば, $\langle A \rangle = \alpha$ とおくとき $|\alpha|=\mathfrak{a}$. ゆえに
$$\mathfrak{a}+\mathfrak{a} = |\alpha|+|\alpha| = |\alpha+\alpha| = |\alpha| = \mathfrak{a}$$
$$\mathfrak{a}\mathfrak{a} = |\alpha||\alpha| = |\alpha\alpha| = |\alpha| = \mathfrak{a}.$$

注意1. 定理2は，濃度の理論における最も基本的な命題の一つである．なぜ基本的かといえば，そもそも濃度というものが集合の"元の個数"の概念の精密化である以上，それは当然互いに比較しうることを予想するからである．

ところで，この定理に対するわれわれの証明は整列可能定理を，したがってまた選択公理を用いている．くわしいことは省くが，実は，この定理を選択公理なしに証明することは不可能と考えられるのである．われわれは，上に，選択公理についていろいろの議論や研究のなされていることを述べたが，それはひとえに，この公理がかように集合論の中枢部に影響をもつことに基づくのである．

むすび

　本書を終るに際し，若干の注意を述べておきたい．

　1.　われわれは，第一編の冒頭において，集合とは"区画のはっきりと定まったものの集まり"と規定した．気楽に読み始めてもらうためには，はじめからごたごたした制限や注釈を並べるのは不適当と考えたためであるが，実は，上の規定は少々不十分なのである．それで，ここにおそまきながら，その制限や注釈を追加したいと思う．

　そのためには，まず，何ゆえにそのような制限が必要なのかを説明しなければならない．

　2.　われわれの集合の規定によれば，何が集合であり何が集合でないかは，一応はっきりと区別されていると考えられる．したがって，"あらゆる集合の集まり"は，また一つの集合となるであろう．なぜならば，この集まりはその区画がはっきりと定まっているからである．しかしながら，実は，このようなものを集合とみなすと少々困ったことになるのである：

　あらゆる集合の集まりを A とし，これが集合であるとすれば，A の部分集合はすべてまた A の元である．よって，A の巾集合 2^A は A につつまれる：$2^A \subseteq A$. したがっ

て $2^{|A|} \leq |A|$. しかし,これは $|A| < 2^{|A|}$ なることに矛盾する.

この事実は,A を集合と考えることに,少々無理のあることを示すものにほかならない.

3. あらゆる集合の集まり A が集合ならば,A は A 自身の元となるはずである. この A を集合と考えることに無理のあることはすでに述べた通りであるが,このほかに,明らかに集合と考えられるもので,しかも自分自身を元として含むものが,あるいはあるかも知れない.

いま,このように自分自身を元とするような集合があったならば,それを第一種の集合といい,これに反して自分自身を元としないような集合を第二種の集合ということにしよう. さすれば,あらゆる集合は第一種か第二種かのいずれかにはっきりと区別される. したがって,われわれの集合の規定によれば,たとえば第二種の集合全体の集まり S は一つの集合と考えることができるであろう. しかしながら,これを集合と考えると矛盾が起こるのである:

S が集合ならば,それは第一種か第二種かのいずれかである. もし第一種ならば,S は S 自身を元として含まなければならない. しかし,S は第二種の集合全体の集まりであるから,S の元である S は第二種ということになって,矛盾を生じる. また S が第二種ならば,S は S に属さない. しかし,S は第二種の集合を全部集めたものなのであるから,その元でないところの S は,第二種ではなく第一種であるということになる. これも矛盾である.

よって，第二種の集合全体の集まり S を集合と考えることには，少々無理のあることが知られる．

4. 今度は，濃度全体の集まりを考える．われわれは，何が濃度であり何が濃度でないかをはっきりと区別することができるから，これは集合と見なされる．しかし，これを集合と見なすと，やはり矛盾が起こるのである：

濃度全体の集まりを M とし，これが集合であるとしよう．いま，M の各元 $\mathfrak{a}$ に $|A_\mathfrak{a}|=\mathfrak{a}$ なる集合 $A_\mathfrak{a}$ を対応せしめ，$A_\mathfrak{a}(\mathfrak{a}\in M)$ なる集合系を考える．しかして，$A=\bigcup_{\mathfrak{a}\in M}A_\mathfrak{a}$ とおけば，$A_\mathfrak{a}\subseteq A$ より $|A_\mathfrak{a}|\leqq|A|$，すなわち $\mathfrak{a}\leqq|A|$．ゆえに，M の任意の元 $\mathfrak{a}$ に対して $\mathfrak{a}<2^{|A|}$ である．しかるに，$2^{|A|}$ も一つの濃度であるから $2^{|A|}\in M$．よって $2^{|A|}<2^{|A|}$．しかし，これは矛盾である．

したがって，われわれが本書で述べたような議論を保存するとすれば，M は集合でないとしなくてはならないであろう．

5. つぎに順序数を考えよう．われわれは，何が順序数であり何が順序数でないかを，原理的にはっきり区別することができるから，順序数全体の集まりは集合と考えることができる．しかしながら，これを集合とみなすと，やはり矛盾が起こるのである：

いま，順序数全体の集まり W が集合であるとし，その上限を α とする．しからば，W の任意の元 ξ に対して $\xi\leqq\alpha$．一方，α は一つの順序数であるから $\alpha\in W$．これはすなわち，α が W の最大の元ということ，つまり最大の順序数と

いうことにほかならない．しかるに，a の次の数 a^+ は a よりも大きい．これは矛盾である．

したがって，もしわれわれが本書で述べたような議論を生かすとすれば，濃度全体の集まりと同様に，順序数全体の集まりも集合でないとしなくてはならないであろう．

6. 以上が，集合の規定を制限すべき根拠である．

しかしながら，この"集合規定の制限"という考えが支配的になったのは，さほど古いことではない．20世紀のはじめごろには，この集合規定を，人間の理性にとって当然ゆるされるべきものと考える人たちも多かった．したがって，彼らにとって，集合全体の集まりや順序数全体の集まりなどは，むしろ集合でなくてはならなかったのである．上に述べたいろいろの不都合が見出されたのは，そのような時勢においてであった．そこで，彼らが，このような事態を集合規定の不備とは見ず，われわれの理性の重大な欠陥と受けとったのは，自然のなりゆきであった．3. で述べたのはラッセル（Russell）のパラドックス，5. で述べたのはブラリ＝フォルティ（Burali-Forti）のパラドックスとよばれるが，これらの出現はそれらの人々にきわめて強い衝撃を与えたのである．それはついには，数学全体に対するわれわれの能力への疑惑という形にまで発展していった．その結果うまれ出たのが"数学基礎論"という分科である．これは，数学を危機から救助することを目的として発展していった．

しかしながら，状勢がおちつき，数学基礎論がある程度

発展すると，集合規定にかぎらず，論理上あるいは数学上のいろいろの概念は，必要に応じて改変しうるものであり，場合によっては必然的に改変すべきものであるという考え方が支配的となってきた．そこでようやく人々は，上のようなパラドックスを，理性の欠陥の証拠としてではなく，集合規定の制限の必要性を示す証拠として受けとるようになったのである．

7. しからば，どのように制限したらよいか．

それには，実はいろいろのくふうがなされているのであるが，ここでは，その代表的なものを一つだけ取りあげるにとどめよう：

そもそも，あらゆる集合の集まりや濃度全体の集まりや，あるいは順序数全体の集まりなどは，いずれもきわめて自然なものである．しかも，それらはいろいろな利用価値さえもっている．すなわち，このようなものを用いることにすると，さまざまな事実を，至極簡潔に表現しなおすことができるのである．したがって，集合の規定を制限するにしても，そのようなものを何らかの形で残すようにするのが望ましい．ところが一方では，これらを集合として取り扱うと矛盾を生じるという事情がある．

このジレンマを解決するほとんど唯一の道は，"ものの集まり"について，集合よりも一段と広いもう一つの概念をつくることであろう．そこで，われわれはこの方針に従い，そのような一段と広い概念を**"クラス"**とよび，かつ"集合"はその一種であると規約する．しかして，われわれ

が本書においてこれまでに考えてきたような普通の"ものの集まり"は，これまで通りやはり集合と考える．それに反して，あらゆる集合の集まりや順序数全体の集まりなどのように，集合と考えると矛盾を生じるようなものは，クラスではあるが集合ではないと見なすのである．

ところで，これだけでは問題は片づかない．なぜならば，今度は，あらゆるクラスからなるクラス，自分自身を元として含まないクラス全体のクラスなどというものを考えられると，またもや上と同様のやっかいなことが起こってくるからである．そこで，かようなことを禁止するためにつぎの原則をおく：

(*) クラスはクラスの元となりえない．もちろん集合の元ともなりえない．

しかし，クラスに対しても，集合の部分集合に相当する"部分クラス"を考えたり，和や共通部分や差や直積などを考えたりすることは許すのである．ただし，そのようにしてえられる新しいクラスが一般には集合でないことはいうまでもない．また，クラスからクラスへの関数も考えることを許される．

くわしくはいわないが，ほぼ以上のような処置によって，上に述べたいろいろの不都合はすべて除かれることが知られているのである．

8. さて，集合規定に以上のような制限をおくとしても，本書に述べたような議論はほとんどこれを変更する必要がない．実は，われわれは，ひそかにこのような処置を

念頭において筆を進めてきた．つまり，われわれは，議論中に表われる"集合"という言葉を，いま説明した新しい集合の意味に解釈されても一向差し支えないようにくふうしてきたつもりなのである．したがって，クラスとよぶべきものを集合とよんだりはしていない．たとえば，われわれは，ある順序数 α よりも小さい順序数全体の集まり $W\{\alpha\}$ というものをしばしば集合とよんできたが，これは新しい意味でもたしかに集合と考えられるのである．それゆえ，かような点については安心していただきたい．

なお，第1編に述べた集合の代数は，一般のクラスについても，ほとんどそのままに成立することを注意しておこう．

9. ところで，集合論にかぎらず，あらゆる数学の理論は，幾つかの"公理"を列挙し，それのみを根拠として建設されるのが本当のあり方である．この方法については，読者は，高等学校の"幾何学"の課程において，よく学んだところであろう．

数学でこの方法がとられるのは，問題になっている理論の内部で，用いて良いことと良くないこととをはっきりと区別し，議論をできるだけ"厳密"にしようという目的のために他ならない．

それゆえ，集合論における，パラドックスを排除するための上述のような処置も，これを理想的に行わんとすれば，集合論の"公理からの建設"という枠の中で遂行することが必要である．

集合論の公理の代表的なえらび方の一つを，巻末の付録に掲載しておいたから，参照されることを希望する．

付　　録

§1. 集合と論理

本節では，集合の概念と論理との関係について，簡単にふれてみたい．

1. 論理記号　われわれは，説明をわかりやすくするために，自然数全体の集合 N をとり，それに関して考察を進めることにする．したがって，以下にあらわれる集合はすべて N の部分集合である．

一般に

　　……かあるいは……，

　　……かつ……，

　　……ではない，

　　……ならば……，

　　すべての x について……，

　　……なる x が存在する

なる六つの言葉は，論理的な言葉と称せられる．ただし，最後の二つにおける文字 x は，もちろん y, z, … などで置き換えてもよい．

いうまでもないであろうが，これらの論理的な言葉は，いくつかの与えられた文章や条件から，新しい文章や条件

をつくり出すのに用いられる．"8 は 4 の倍数である" "8 は偶数である" という二つの文章から

　　8 は 4 の倍数であって——かつ——8 は偶数である

　　8 が 4 の倍数である——ならば——8 は偶数である

という文章をつくったり，"$x \geq 1$" "$x \geq y$" という条件から

　　　　すべての x について——$x \geq 1$ である

　　　　$x \geq y$ ——なる y が存在する

という文章や条件をつくったりするのは，論理的な言葉の使い方の簡単な例である．

　注意 1． ここで "文章" というとき，それは真なる文章と偽なる文章とをともにさしているものとする．たとえば，"8 は偶数である" も "8 は奇数である" もともに文章であることにはかわりがない．

　見やすくするために，論理的な言葉は通常つぎのような記号で表わされる：

　　P かあるいは Q：$P \vee Q$

　　P かつ Q：$P \wedge Q$

　　P ではない：$\neg P$

　　P ならば Q：$P \supset Q$

　　すべての x について P：$\forall x P$

　　Q なる x が存在する：$\exists x Q$

$\vee$，$\wedge$，$\neg$，$\supset$，$\forall$，$\exists$ を**論理記号**という．

　例 1．　　$1 < 2$ かあるいは $5 < 4$　　　　　　　：$(1<2) \vee (5<4)$
　　　　　　　$x = 2$ でかつ $3 < 1$　　　　　　　　：$(x=2) \wedge (3<1)$
　　　　　　　x は奇数ではない　　　　　　　　　：$\neg (x \text{ は奇数})$

$x=1$ ならば $x^2=1$: $(x=1) \supset (x^2=1)$
すべての x について x は偶数である：$\forall x(x \text{ は偶数})$
偶数 y が存在する : $\exists y(y \text{ は偶数})$

なお，これらの例におけるように，論理記号を用いる場合には，混乱を避けるために適当に括弧を入れる方がよい．

2. 集合と論理 すべての集合（すなわちいまの場合は N の部分集合）は，適当な条件 $C(x)$ を選んで
$$\{x \mid C(x)\}$$
なる形に書くことができる．なぜならば，どんな集合 A も，少なくとも $\{x \mid x \in A\}$ と表わすことはできるからである．ところで，集合をこのように書くことにすれば，集合をめぐるいろいろの概念と論理的な言葉との間に，極めて見やすい関係をつけることができる：

定理1. (1) $\{x \mid C(x)\} \cup \{x \mid D(x)\} = \{x \mid C(x) \lor D(x)\}$
(2) $\{x \mid C(x)\} \cap \{x \mid D(x)\} = \{x \mid C(x) \land D(x)\}$
(3) $\{x \mid C(x)\}^c = \{x \mid \neg C(x)\}$.

［証明］ (1) あるもの x が左辺に属するということは，その x が $C(x)$ をみたすか，さもなければ $D(x)$ をみたすということと同じであり，したがって $C(x) \lor D(x)$ をみたすことと同じである．しかるに，それは x が右辺に属するということにほかならない．よって，左辺と右辺とは相等しい．(2), (3) も同様にして確かめられる．

例2. $\{x \mid x>1\} \cap \{x \mid x<30\} = \{x \mid (x>1) \land (x<30)\} = \{x \mid 1<x<30\}$, $\{x \mid x>1\}^c = \{x \mid \neg(x>1)\} = \{x \mid x \leq 1\}$.

定理2. 条件 $C(x)$ をみたす x が少なくとも一つあるとき，$\{x|C(x)\}\subseteq\{x|D(x)\}$ ならば $\forall x\{C(x)\supset D(x)\}$ で，逆も成立する．

［証明］ まず $\{x|C(x)\}\subseteq\{x|D(x)\}$ と仮定する．x が条件 $C(x)$ を満足するとしよう．しからば $x\in\{x|C(x)\}$．よって $x\in\{x|D(x)\}$．ゆえに，x は $D(x)$ を満足する．これで，すべての x について，$C(x)$ ならば $D(x)$ であることがわかった．つまり $\forall x\{C(x)\supset D(x)\}$．逆に，$\forall x\{C(x)\supset D(x)\}$ とする．しからば，どんな x も $C(x)$ ならば $D(x)$．ゆえに，$x\in\{x|C(x)\}$ ならば $x\in\{x|D(x)\}$．したがって $\{x|C(x)\}\subseteq\{x|D(x)\}$ である．

さて，この定理には，条件 $C(x)$ を満足するような x が少なくとも一つあるという制限がついている．その理由はつぎの通りである：

そもそも，"ならば" という言葉の普通の用法によれば，文章 P が偽の場合には，$P\supset Q$ という文章には全然意味がない．たとえば，"$1\neq 1\supset 2=2$" のような文章は全く意味をもたないわけである．したがって，条件 $C(x)$ をみたすような x が一つもない場合には，$\forall x\{C(x)\supset D(x)\}$ すなわち "どんな x についても $C(x)$ ならば $D(x)$" などといっても，$C(x)$ がつねに偽なのであるから，それは全然意味がないといわなければならないであろう．たとえば，いかなる自然数 x についてもつねに $x^2\geqq 1$ であるから，$\forall x\{x^2<1\supset 1=1\}$ や $\forall x\{x^2<1\supset x+2=0\}$ などの文章は全く無意味である．

しかしながら，そのような場合には $\{x|C(x)\}=\emptyset$ であるから，$D(x)$ が何であっても $\{x|C(x)\}\subseteq\{x|D(x)\}$ は成立する．つまり，定理2で問題になっている関係のうちの一方は正しいわけである．

そこで，数学では，この場合にも定理が成立するようにするために，つぎのような規約をおくことになっている：

(*) $P\supset Q$，すなわち "P ならば Q" という形の文章は，P が偽の場合には Q のいかんにかかわらず真である．

注意2． 普通は，P が偽のときは $P\supset Q$ には意味がないとしているのであるから，これをいま真といおうと偽といおうと，何の支障もおこらない．しかしわれわれは，便宜上，これを真と規約するのである．

さて，この規約によれば，$C(x)$ をみたす x がないときは，どんな x についても $C(x)\supset D(x)$ は真，したがって $\forall x\{C(x)\supset D(x)\}$ は真である．よって，定理2はこのような場合をも含めていつでも成立するということになる．

注意3． われわれは，空集合 $\emptyset$ が任意の集合 A の部分集合であることを根拠として，規約(*)を設けたわけである．しかしながら，ここで一般に，集合 X（$\emptyset$ でもよい）が集合 Y の部分集合である：$X\subseteq Y$ ということを，どんな x についても $x\in X$ ならば $x\in Y$ となること，すなわち $\forall x(x\in X\supset x\in Y)$ ということと定義することにしよう．そうすれば，逆に規約(*)から，任意の集合 A に対して $\emptyset\subseteq A$ であることを証明することができる：定義によって，$\emptyset\subseteq A$ は $\forall x(x\in\emptyset\supset x\in A)$ と同じである．しかるに，x についての条件 $x\in\emptyset$ はつねにみたされない．ゆえに $\forall x\{x\in\emptyset\supset x\in A\}$ は真，すなわち $\emptyset\subseteq A$ である．

以上，われわれは自然数全体の集合 N を例にとって述べたが，基礎になる集合を任意に一つ固定しておきさえすれば，つねに全く同様のことが成立する．

問 1. 定理 1 の (2), (3) を証明せよ．

問 2. $\{x|C(x)\}-\{x|D(x)\}$ を，論理記号を用いて $\{x|\cdots\}$ なる形に書きあらためよ．

問 3. P, Q を任意の文章とするとき，$P \supset Q$ が真ならば $(\neg P) \vee Q$ も真で，逆も成り立つことを確かめよ (P, Q の真偽に従い，場合を分けて考える．この問によって，$P \supset Q$ と $(\neg P) \vee Q$ とは全く同じ効能をもつことが知られる)．

§2. ツォルンの補題

本節では，ツォルンの補題なるものを説明する．これは，いろいろの数学の分野において，ある性質をもつものが実際に存在することを示したい場合，その補助手段としてきわめて有効に用いられる．"補題" というのは，補助手段あるいは補助の定理というくらいの意味である．ツォルン (Zorn) という学者によって考え出された関係から，その名を冠してよばれている．

1. 半順序 はじめに半順序の概念を説明する．その前に，ちょっと順序の概念を復習しておこう．A を集合とするとき，その元の間の関係 "<" が順序であるとは，それがつぎの二つの条件をみたすことをいうのであった：

(1) $a, b \in A$ ならば，$a<b, a=b, a>b$ のうちの一つ，しかも一つだけが成立する，

(2) $a<b$, $b<c$ ならば $a<c$.

明らかに，(1)はつぎの二つを寄せ集めたものと考えることができる：

(1′) $a, b \in A$ ならば，$a<b$, $a=b$, $a>b$ のうちの少なくとも一つが成立する，

(1″) $a, b \in A$ ならば，$a<b$, $a=b$, $a>b$ のどの二つも同時には成り立たない．

ところで，自然数全体の集合 N の巾集合 2^N において，元 X, Y の間に $X \subset Y$ が成立するとき $X<Y$ と書くことにすれば，"$<$" は明らかに(1″)および(2)をみたすが，(1′)はみたさない．なぜならば：たとえば $X=\{1\}$, $Y=\{2\}$ に対して，$X<Y$, $X=Y$, $X>Y$ のどれもが成立しないからである．

実をいえば，これに類する関係はほかにもたくさんある：

例1．自然数 a が自然数 b の b 以外の約数であるとき $a<b$ と書くことにしよう：しからば，明らかに(1″)および(2)はみたされる．これに反して(1′)はみたされない．なぜならば：たとえば2と3とはどちらも他の約数ではなく，また等しくもないからである．

例2．平面 $R \times R$ 上の点 (a, b), (a', b') の間に $a<a'$, $b<b'$ が成立するとき，$(a, b)<(a', b')$ と書くことにする．このとき，(1″)，(2)がみたされることは明らかである．しかし(1′)はみたされない．たとえば，$(2, 1)$ と $(1, 2)$ とに対しては，$(2, 1)<(1, 2)$ も $(2, 1)=(1, 2)$ も $(2, 1)>(1, 2)$ も成立しないからである．

一般に，このようなものを半順序という．すなわち

定義1. 集合 A の元の間の関係 "<" がつぎの二つの条件をみたすとき，それは A の上の**半順序**であるといわれる：

($1''$)　a, b を A の元とすれば，$a<b$, $a=b$, $a>b$ のどの二つも同時には成り立たない．

(2)　$a<b$, $b<c$ ならば $a<c$.

2^N あるいはさらに一般に任意の集合族における元の間の関係 "⊂"，および例1，例2の関係はすべて半順序である．また，順序は半順序の一種である．半順序においても，$a<b$ のとき，a は b よりも前にある，あるいは b は a よりも後にある，という．

注意1. 最近，半順序のことを単に順序，普通の順序のことを**全順序**または**線型順序**ということが多くなってきた．したがって，他の書物を読まれる際は十分注意していただきたい．また，書物によっては，順序や半順序をしるすのに，普通の大小の記号 "<" を流用しているものがある．しかし，それはもちろん "<" のかわり以上のものではないのであるから，大小の関係と混同してはならない．

一つの集合 A と，その上の半順序 < とを組み合わせたもの：$(A, <)$ を**半順序集合**という．順序集合は半順序集合の一種である．順序集合の場合と同様に，誤解のおそれのない場合には，半順序集合 $(A, <)$ を簡単に A と書くことが多い．

半順序集合 $(A, <_1)$, $(B, <_2)$ に対して，つぎの二つが成立するとき，$(A, <_1)$ は $(B, <_2)$ の**部分半順序集合**，あ

るいは簡単に**部分集合**であるといわれる：

 （ⅰ）　$A \subseteq B$,

 （ⅱ）　a, b を A の元とするとき，$a <_1 b$ ならば $a <_2 b$ である．

　半順序集合はそれ自身順序集合でなくても，その部分半順序集合は順序集合になることがある．さらに，それは整列集合にさえなることもありうる．たとえば，自然数全体の集合 N の上に，例 1 の半順序を固定して得られる半順序集合 $(N, <)$ に対して，整列集合 $(2, 4, 8, 16, \cdots, 2^n, \cdots)$ はその部分半順序集合になっている．

　2．ツォルンの補題　一般に，集合は，その上にある順序を与えて整列集合にすることができる場合，整列可能な集合であるといわれる．また，整列可能な集合 X に順序を与えて得られる整列集合を，"X から得られる整列集合" という．

　ところで，われわれはすでに "整列可能定理" なるものを証明したが，それは次のようなものであった：

　任意の集合は，それに順序を与えて整列集合にすることができる．

　あきらかに，この整列可能定理は，いかなる集合も整列可能であることを主張するものに他ならない．

　以下に，われわれは，かりに整列可能定理の真偽をまだ知らないものと仮定し，この定理を別の形にいい換えることを試みよう：

　A を任意の集合とすれば，A の部分集合の中には整列可

能なものが少なくとも一つは存在する．たとえば，A の有限部分集合がそれである．そこで，A の整列可能な部分集合を全部考え，それから得られる整列集合全体の集合を $\mathfrak{A}$ としよう．このとき，もし A が整列可能ならば，$\mathfrak{A}$ はもちろん A から得られる整列集合をも含んでいるはずである．しかして，それは明らかに，$\mathfrak{A}$ の元の中で一番長いもの，いい換えれば，$\mathfrak{A}$ の他のいかなる元の切片にもならないもの，という特徴をもっている．逆に，$\mathfrak{A}$ の中に，$\mathfrak{A}$ の他のいかなる元の切片にもならないようなものがあるとすれば，それが A から得られる整列集合であることは明らかである[1]．したがって，整列可能定理はつぎのような形にいいかえることができる：

A を任意の集合とし，その整列可能な部分集合に順序を与えて得られる整列集合全体の集合を $\mathfrak{A}$ とする．さすれば，$\mathfrak{A}$ には，$\mathfrak{A}$ の他のいかなる元の切片にもならないような元が存在する．

ツォルンの補題とは，これにきわめてよく似たつぎの定理をいう：

A を任意の半順序集合とし，その部分半順序集合のうちで，同時に整列集合であるものの全体を $\mathfrak{A}$ とする．さすれば，$\mathfrak{A}$ には，$\mathfrak{A}$ の他のいかなる元の切片にもならないよう

---

1) もしそれが A のある真部分集合 B から得られる整列集合であるとすれば，B のうしろへ $A-B$ の任意の元をつけ加えることによって，その整列集合を切片とするような $\mathfrak{A}$ の元が得られるからである．

な元が存在する．

かかる元を A の**極大整列集合**という．

証明は，整列可能定理の証明とほぼ同様にすればよい：まず，A の上の選択関数を φ とし，$B \subseteq A$ なる B に対する $\varphi(B)$ を B の代表という．つぎに，A の部分半順序集合 Γ のうちで，つぎの条件をみたすものをガンマ列ということにする：

（i） Γ は整列集合である．すなわち $\Gamma \in \mathfrak{A}$．

（ii） Γ の任意の元 a は，Γ の a による切片 $\Gamma(a)$ のどの元よりも後にある A の元の全体 $\Delta(a) = \{x \mid b \in \Gamma(a)$ ならば $x > b\}$ の代表である：$a = \varphi(\Delta(a))$．

そうすれば，整列可能定理の証明におけると全く同様に，つぎのことがらが示される．

(α) Γ_1, Γ_2 をガンマ列とすれば，$\Gamma_1 = \Gamma_2$ か，さもなければ一方が他方の切片である．

(β) すべてのガンマ列の和集合を Γ とすれば，これはガンマ列である．

ところで，この Γ は $\mathfrak{A}$ の他のどの元の切片にもなりえない．なぜならば：Γ が $\mathfrak{A}$ のある元 Π の切片になったとすれば，A には Γ のどの元よりも後にあるような元が存在する．よって，いま，そのようなものの全体の集合 $\{x \mid b \in \Gamma$ ならば $x > b\}$ の代表を a とすれば，$\Gamma + (a)$ はまた一つのガンマ列である．しかし，これは Γ がすべてのガンマ列の和集合であることに矛盾する．ゆえに，この Γ が求める極大整列集合である．

注意2. 極大整列集合は一つとはかぎらない．たとえば，B が極大整列集合ならば，それから最初の元を除いたものはまた極大整列集合である．

3. ツォルンの補題の応用例 われわれは，さきに，整列可能定理を用いて濃度の比較可能定理を証明した．ここでは，整列可能定理のかわりにツォルンの補題を用いて同じ定理を証明する．これによって，ツォルンの補題の"性能"を，十分に体得していただきたい．

濃度の比較可能定理の別証明 $\mathfrak{a}, \mathfrak{b}$ を任意の濃度とし，$|A|=\mathfrak{a}$，$|B|=\mathfrak{b}$ なる集合 A, B をとる．定理を証明するためには，A から B の部分集合への一対一の対応か，あるいは，B から A の部分集合への一対一の対応かのいずれかが存在することをいえばよい．A のある部分集合 A' から B のある部分集合 B' への一対一の対応を，A から B への部分対応という．いま，A から B への部分対応全体の集合を M とし，その元 φ, ψ に対して，つぎの二つの条件が成立するとき $\varphi < \psi$ と書くことにする：

(1) φ の定義域 A_1 は ψ の定義域 A_2 の真部分集合である．

(2) $a \in A_1$ ならば $\varphi(a) = \psi(a)$ である．

さすれば，$<$ は明らかに M の上の半順序である．ここで，ツォルンの補題を用いれば，M には極大整列集合 M_1 が存在する．M_1 のすべての元の定義域の和集合を A_0 とおく．しからば，A_0 の任意の元 a は，M_1 の少なくとも一つの元 φ の定義域に含まれる．また，M_1 の任意の二元 φ, ψ は必

ず $\varphi<\psi$, $\varphi=\psi$, $\varphi>\psi$ のいずれかをみたすから，a が φ, ψ の定義域の共通部分の元ならば $\varphi(a)=\psi(a)$ である．そこで，A_0 の任意の元 a に対し，M_1 の元 φ のうちでその定義域が a を含むようなものを任意にとり，$\varphi_0(a)=\varphi(a)$ とおくことにしよう．さすれば，$\varphi_0\in M$ で，かつ M_1 のどの元 φ に対しても，$\varphi<\varphi_0$ または $\varphi=\varphi_0$ である．

しかるに，M_1 は M の極大整列集合であるから，M には，M_1 のいかなる元よりも後にあるような元は存在しない．よって，φ_0 は M_1 の最後の元であり，しかも，φ_0 よりも後にあるような A から B への部分対応はないことが知られる．これは，< の定義により，φ_0 の定義域が A に一致するか，さもなければその終域が B に一致するということにほかならない．ゆえに，A から B の部分集合への一対一の対応があるか，さもなければ，B から A の部分集合への一対一の対応がある．これで定理は証明された．

4．ツォルンの補題の変形 X を半順序集合とし，a をその一つの元とする．このとき，もし X が，a よりも後にあるような元を一つもふくまないならば，a は X の**極大元**であるといわれる．

さて，前項の応用例からも知られるように，ツォルンの補題は，主として，ある種の半順序集合に極大元のあることを示したい場合に援用されるのである．（前項の例では，φ_0 が求めるものであった．）

この見地からすれば，われわれが上に述べたツォルンの補題の形は，その目的に対して，いささか間接的にすぎる

といわなければならないであろう．また，この補題は，集合論以外の分野においても頻繁に用いられるものであるから，整列集合などの概念をふくむのは，やや専門的にすぎて具合がわるいわけである．そこで，以下では，その効能をいささかも減ずることなく，この補題を，もっと直接的な，もっと平易な形に変形することをこころみることにしよう．

定義 2. A を半順序集合とし，B をその部分半順序集合とする．このとき，A のある元 a が，B のいかなる元 b よりも後にあるか，あるいはそれとひとしい場合，a は B の上界であるといわれる．

例 3. 自然数全体の集合 N において，例 1 で述べた半順序を固定し，一つの半順序集合を構成する．このとき，$B=\{2, 3\}$ とおけば，$2<6$，$3<6$．よって，6 は B の上界である．同様にして，6 のいかなる倍数も B の上界になっていることがわかる．一方，$2<4$ ではあるが $3<4$ ではないから，4 は B の上界ではない．同様にして，6 の倍数でないものは，B の上界ではあり得ないことが知られる．一般に，N の任意の有限部分集合 B の上界は，B の元の公倍数に他ならないのである．しかし，無限部分集合は，上界をもつことができないことに注意する．

例 4. 任意の集合 M の巾集合の元 X，Y の間に，$X \subset Y$ が成立するとき，$X < Y$ と定義すれば，一つの半順序集合が得られる．このとき，2^M の任意の部分集合 B をとれば，B のいかなる元 X に対しても，$X \subseteq \bigcup_{Y \in B} Y$ [2)]．よって，

---

2) B の各元 Y に対して $A_Y = Y$ とおけば，$A_Y(Y \in B)$ なる一つの集合系が得られる．この集合系の和集合 $\bigcup_{Y \in B} A_Y$ を，簡単のために $\bigcup_{Y \in B} Y$ であらわす．今後，同様の便法を講ずることが

$$X < \bigcup_{Y \in B} Y \quad \text{あるいは} \quad X = \bigcup_{Y \in B} Y.$$

ゆえに，$\bigcup_{Y \in B} Y$ は B の一つの上界である．さらに一般に，$\bigcup_{Y \in B} Y$ をつつむような集合はすべて B の上界であり，逆もまた真であることが知られる．

定義3. 半順序集合 A は，次の条件をみたすとき，**帰納的**であるといわれる：

A の部分半順序集合で，同時に順序集合であるようなものは，つねに上界を有する．

例5. 例3の半順序集合は帰納的ではない．なぜならば：$\{2, 4, 8, \cdots, 2^n, \cdots\}$ は N の部分半順序集合であって，かつそれ自身順序集合であるが，無限集合であるがゆえに，上界をもち得ないからである．

例6. 例4の半順序集合は帰納的である．なぜならば：2^M のいかなる部分半順序集合 B をとっても，$\bigcup_{Y \in B} Y$ は，その一つの上界となっているからである．

以上の概念を用いれば，ツォルンの補題の次のような変形がみちびかれる：

ツォルンの補題の変形 帰納的な集合は，すべて少なくとも一つ極大元を有する．

［証明］ A を帰納的集合とすれば，もちろんこれは半順序集合であるから，2.で述べたツォルンの補題を用いることができる．よって，A は極大整列集合 B をつつんでいなければならない．しかるに，A は帰納的集合であるから，B の上界が存在する．これを a としよう．このとき，a

---

ある．

は，B に含まれていなければならない．なんとなれば：もしそうでないとすれば，$B+(a)$ は B を切片とする整列集合となって，B の極大性に反するからである．ゆえに，a は B の最後の元である．また，A は，a よりも後にあるような元を含むことができない．もし，そのようなものがあるとすれば，それを b とするとき，$B+(b)$ は B を切片とする整列集合となって，ふたたび矛盾を生じるからである．ゆえに，b は A の極大元であることが知られる．

5. 変形の応用例　上の変形を用いて，任意の無限濃度 $\mathfrak{a}$ に対し，$\mathfrak{a}+\mathfrak{a}=\mathfrak{a}$ の成立することを証明してみよう．

[証明]　$|A|=\mathfrak{a}$ なる A をとり，その可付番部分集合全体のつくる集合族を M とする．そして，M の部分集合 X のうちで，次の条件をみたすようなものを考えてみる：
$$E, F \in X,\ E \neq F\ \text{ならば}\ E \cap F = \emptyset.$$
いま，このような X の全体を $\mathfrak{A}$ とし，さらに，$\mathfrak{A}$ の元 X, Y の間に，$X \subset Y$ が成立するとき，$X < Y$ と定義することにしよう．

このとき，$\mathfrak{A}$ の部分半順序集合 $\mathfrak{B}$ が同時に順序集合であれば，$\bigcup_{X \in \mathfrak{B}} X$ がまた $\mathfrak{A}$ に属し，$\mathfrak{B}$ の上界となっていることは明らかである．よって，$\mathfrak{A}$ は帰納的でなくてはならない．これより，ツォルンの補題の変形を用いて，$\mathfrak{A}$ は極大元 X_0 を含んでいることが知られる．

さて，$A - \bigcup_{E \in X_0} E = F$ とおけば，F は無限集合ではあり得ない．なぜならば：これがもし無限集合であれば，濃度の比較可能定理によって，それはある可付番集合 E_0 を

つつんでいるはずである．いま，$X_0\cup\{E_0\}$ をつくれば，これは $\mathfrak{A}$ の元であって，かつ $X_0<X_0\cup\{E_0\}$．しかし，これは，X_0 の極大性に反するからである．ゆえに，F は有限集合であることが知られる．

そこで，X_0 における任意の一つの元 E に注目し，これを $E\cup F$ でおきかえ，$(X_0$ の) のこりの元はそのままとして，その結果の集合を X_1 としよう：
$$X_1=(X_0-\{E\})\cup\{E\cup F\}.$$
このとき，X_1 はふたたび $\mathfrak{A}$ の元であって，かつ
$$\bigcup_{G\in X_1}G=A.$$
しかるに，$|G|=\aleph_0\ (G\in X_1)$ であるから，濃度の和と積との関係（117 ページ）により
$$\mathfrak{a}=|A|=|X_1|\aleph_0.$$
よって，
$$\mathfrak{a}+\mathfrak{a}=|X_1|\aleph_0+|X_1|\aleph_0=|X_1|(\aleph_0+\aleph_0)=|X_1|\aleph_0=\mathfrak{a}.$$

6. もとの形との同等性 ツォルンの補題のもとの形とその変形とが同等であること，すなわち，一方から他方が証明できることをたしかめておこう．しかし，すでに，変形はもとの形を用いて証明されたのであるから，もとの形が変形にもとづいて証明されることだけをいえばよい．

［証明］ 任意の半順序集合を M とし，これが極大整列集合をつつむことをいう．そのため，M の部分半順序集合のうちで，同時に整列集合であるようなものを全部考え，その集合族を $\mathfrak{A}$ とおく．また，$\mathfrak{A}$ の元 X が $\mathfrak{A}$ の元 Y の切

片となっているとき，$X < Y$ と定義する．このとき，明らかに $\mathfrak{A}$ は一つの半順序集合である．

いま，$\mathfrak{A}$ の部分半順序集合で，同時に順序集合となっているものを任意に取り，$\mathfrak{B}$ としよう．このとき，

$$X_0 = \bigcup_{X \in \mathfrak{B}} X$$

とおけば，たやすくたしかめられるように，X_0 は整列集合であって，かつ，$X \in \mathfrak{B}$ ならば，$X < X_0$ あるいは $X = X_0$．よって，X_0 は $\mathfrak{B}$ の上界でなくてはならない．

以上によって，$\mathfrak{A}$ は一つの帰納的集合である．したがって，$\mathfrak{A}$ は極大元 M_1 をもつことが知られる．これが，M の極大整列集合であることは，もはや明らかであろう．

注意3．ツォルンの補題には，この他にもいろいろの変形がある．しかし，それらは，上に紹介したものをふくめ，すべてツォルンの補題という共通の名でよばれている．

問1．ツォルンの補題を用いて，整列可能定理を証明せよ．（もとの形と変形との両方をつかってみよ．）

問2．ツォルンの補題の変形を用いて，濃度の比較可能定理を証明せよ．

問3．ツォルンの補題の変形を用いて，任意の無限濃度 $\mathfrak{a}$ に対し，

$$\mathfrak{aa} = \mathfrak{a}$$

の成立することを証明せよ．（ただし，$\mathfrak{a} + \mathfrak{a} = \mathfrak{a}$ は援用してもよい．）

§3. 集合論の公理

"むすび"でも述べておいたように,集合論を厳密に構成するには,まず,一群の公理を設定し,それのみを基礎として,それ以外のすべての事柄を論理的にみちびき出す,という方針を取らなければならない.この目的のために,いろいろの公理のえらび方が工夫されてきた.

本節では,参考のために,そのうちで最も普及しているものの一つであるベルナイス (P. Bernays),ゲーデル (K. Gödel) の方式による公理を紹介しようと思う.公理は全部で 17 個あるのであるが,以下ではそのおのおのに,理解に資するための簡単な説明をつけながら,順々に並べていくことにしたい.

まず,パラドックスをさけるためには,集合の他に"クラス"の概念をもうけ,集合はクラスの一種とするのが便利である("むすび"参照).そこで,次の公理をおく:

公理 1. 集合はクラスである.

集合論の対象は,もちろん,ものの集まり——集合やクラス——である.そして,集合やクラスの元となっているものも,それ自身ものの集まりであることが非常に多い.むしろ,そうでない場合は非常に少ない,といってもよいくらいなのである.よって,いっそのこと,クラスの元となるものはすべてクラスである,ときめてしまえば,事情は極めて簡単となることであろう.しかし,集合ならざるクラスがクラスの元となることをゆるせば,パラドックスはさけられない運命となるのであった.よって,次のよう

に要求する：

公理2. Y がクラスのとき，$X \in Y$ が成立すれば X は集合である．

次の公理は，クラスの部分クラス，ならびにクラスの相等を規定する．

公理3. X, Y がクラスであって，いかなる集合 A に対しても，$A \in X$ ならば $A \in Y$ となるとき，X は Y の部分クラスであるといい，$X \subseteq Y$ と書く．さらに，$X \subseteq Y$ かつ $Y \subseteq X$ が成立すれば，X と Y は等しいといい，$X = Y$ としるす．

集合論を展開する際，有限個の集合 $A_1, A_2, \cdots, A_n$ があたえられたならば，それらを元とするような集合がつくれなくてはならない．そのためには，以下に掲げられる諸公理をも考慮に入れて，結局のところ，次の公理をおけば十分であることが知られている：

公理4. A, B が集合であるとき，その元が A と B だけであるような集合が存在する．これを $\{A, B\}$ であらわす．とくに，$A = B$ が成立すれば，$\{A\}$ としるす．

いま，

$$(A, B) = \{\{A\}, \{A, B\}\}$$

とおけば，次の定理はたやすく証明することができる（補充問題6を参照）：

定理. $(A, B) = (C, D)$ ならば，$A = C$ かつ $B = D$．

したがって，このようにして定められた集合 (A, B) は，A と B とからつくられた"順序のある組"（65ページ）の

役割を果たすことがわかる．また，これを用いて，
$(A, B, C) = (A, (B, C)), (A, B, C, D) = (A, (B, C, D)), \cdots$
などと定義する．

さて，くわしくはいわないが，集合論展開の技術上，$A \in B$ であるような集合 A, B からつくられた組 (A, B) の全体から成るようなクラスが考えられると便利なのである．そこで，次の公理をおく：

公理 5. $A \in B$ であるような集合 A, B からつくられた組 (A, B) のすべてから成るようなクラスが存在する．

次の諸公理は，それぞれ，あらゆる集合から成るクラス，二つのクラスの共通部分，差，直積の存在を保証する：

公理 6. あらゆる集合を元とするクラスが存在する．これを V と書く．

公理 7. X, Y がクラスならば，X, Y の共通の元全体から成るクラスが存在する．これを $X \cap Y$ と書く．

公理 8. X, Y がクラスならば，X に含まれ，Y に含まれないような集合の全体から成るクラスが存在する．これを $X - Y$ と書く．

公理 9. X, Y がクラスならば，X の元 A と Y の元 B とからつくられた順序のある組 (A, B) の全体から成るクラスが存在する．これを $X \times Y$ と書く．

二つのクラス X, Y の和クラス $X \cup Y$ は，
$$V - \{(V - X) \cap (V - Y)\}$$
として得られることに注意しておこう．

次の諸公理は，いわゆる "関数" の考察や，順序のある

組の考察の際, 必要となる:

公理 10. X が, 直積 $V \times V$ の部分クラスのとき, それに属する組 (A, B) の最初の成分 A の全体から成るクラスが存在する.

公理 11. X が, 直積 $V \times V$ の部分クラスのとき, X に属する組 (A, B) を逆の順序にした組 (B, A) の全体から成るクラスが存在する.

公理 12. X が, 直積 $V \times V \times V (= V \times (V \times V))$ の部分クラスのとき, X に属する組 (A, B, C) から得られる組 (C, A, B) の全体から成るクラス, および組 (A, C, B) の全体から成るクラスが存在する.

さて, 集合論における最も重要な対象は, いわゆる "無限集合" であった. それゆえ, 集合論の公理的建設に際しても, 必然的に, 少なくとも一つは無限集合の存在することを, 公理として掲げておかなくてはならない. それには, そのいかなる元 C をとっても, それから得られる列

$$\{C\},\ \{\{C\}\},\ \cdots,\ \{\{\cdots\{C\}\cdots\}\},\ \cdots$$

の各項が, すべてまたその元となっているような集合のあることを要請すれば十分である:

公理 13. (無限公理) 次のような集合 A が存在する:

 (1) A は少なくとも一つ元を含んでいる (すなわち, 空ではない).

 (2) B が A の元ならば, $\{B\}$ はまた A の元である.

普通の集合論において, A が (空ならざる) 集合族であるとき, A の各元 B に対して $F_B = B$ とおけば, $F_B (B \in$

A) なる "集合系" が得られるのであった（104 ページ, 例 3 を参照）. 次の公理は,（内容的に）このような集合系の和集合が存在することを意味するものである：

公理 14. いかなる集合 A に対しても, A の元のいずれかに属するような集合の全体から成る集合が存在する. これを $\bigcup_{B \in A} B$ で表わす.

次の公理は, 巾集合の存在を保証する：

公理 15. いかなる集合 A に対しても, A の部分集合の全体から成るような集合が存在する. これを 2^A と書く.

第 1 編（69 ページ）で述べたように, 集合 A から B への関数は, $A \times B$ のある種の部分集合と同一視することができる. これを一般化して, 次の定義をおく：

定義. クラス X, Y の直積 $X \times Y$ の部分クラス F が次の条件をみたすとき, F は X から Y への関数であるといわれる：

X のいかなる元 A に対しても, $(A, B) \in F$ となるような Y の元 B がただ一つ存在する.

このとき, $(A, B) \in F$ が成立するならば, B は, A の F による像である, といわれ, $F(A)$ または F_A としるされる.

さて, F を X から Y への関数とするとき, とくに X が集合であれば, X の元 A の F による像 $F(A)$ の全体は, また集合になっていないと不便である. そこで, 次の公理が要求される：

公理 16.（**置換公理**） F が, 集合 X からクラス Y への

関数であるとき，X の元の F による像の全体は，一つの集合を構成する．

最後は"**選択公理**"である．

公理 17． F を集合 X からクラス Y への関数であるとし，X の各元 A の F による像 $F(A)$ は，すべて，少なくとも一つ元を含むと仮定する．このとき，X から V への関数 G が存在して，X のいかなる元 A に対しても
$$G(A) \in F(A).$$

この G が，"集合系" $F_A (A \in X)$ の"選択関数"に相当するものであることは，もはや明らかであろう．

以上がベルナイス，ゲーデルの方式による，集合論の公理群である．読者は，これらを基礎として，いかに集合論を建設していったらよいか，自ら考えてみられたい．

追記 集合論のこの公理群については，これまでに，いろいろと活発な研究が行われてきた．そこでとくに問題とされたのは，主として次のような事柄であった：

(1) 選択公理すなわち公理 17 は，公理 1〜公理 16 から証明できるであろうか．
(2) 次の命題を**一般連続体仮説**という：
　　いかなる濃度 $\mathfrak{a}$ に対しても，$\mathfrak{a}<\mathfrak{b}<2^\mathfrak{a}$ なる濃度 $\mathfrak{b}$ は存在しない．

このときこの一般連続体仮説は，公理 1〜公理 17 から証明できるであろうか．

ところが，その結果は，実は次のような一見大変奇妙なものであった．

1°．選択公理は，公理 1〜公理 16 からは独立である．いいかえれば，もし公理 1 から公理 16 までが矛盾を含んでいなければ，

これらに選択公理をつけ加えても，またその否定命題を公理としてつけ加えても，やはり矛盾はおこらない．

2°． 公理 1〜公理 16 に，一般連続体仮説を公理としてつけ加えると，それから選択公理を定理として証明することができる．

3°． 一般連続体仮説は，公理 1〜公理 17 からは独立である．すなわち，公理 1〜公理 17 が矛盾を含まなければ，これらに一般連続体仮説を公理としてつけ加えても，またその否定命題を公理としてつけ加えても，やはり矛盾はおこらない．

この中で，1° はとくにいちじるしい．これは，つまり，選択公理の成立する集合論をユークリッド幾何に見たてれば，あたかも非ユークリッド幾何のように，選択公理の成り立たない集合論を建設することも，また可能だということを意味する．しかし，ここで，この数学的ないしは哲学的な意義に深入りすることは，さしひかえておこう．

なお，1°, 3° はゲーデルおよびコーエン (P. Cohen)，2° はシールピンスキ (Sierpiński) によるものであることをつけ加えておく．なお，後者については赤攝也による別証明がある（「参考書について」の最後をみられたい）．

参考書について

本書を読み終えたのち，さらにくわしく古典的集合論を勉強したいと思う人には，つぎのような書物があげられる：
(1) 中山正『集合・位相・代数系』(1949, 至文堂)
(2) 稲垣武『集合論』(1950, 東海書房)
(3) Kamke, E., Mengenlehre（第二版 1947, Sammlung Göschen, Nr 999)
(4) Hausdorff, F., Grundzüge der Mengenlehre (1914)
(5) Hausdorff, F., Mengenlehre（第三版, 1935)

(1)は，現代数学の諸理論に対する基礎的事項の解説を目的として書かれたもので，その第一章が集合論の説明にあてられている．内容は，本書のそれをややこえる程度である．(2)には，集合論のいろいろの事項が，かなりくわしく記されている．(3)は，本書の内容をややこえる程度の事柄を，手ぎわよく小冊子にまとめ上げた好著である．1950年にアメリカで，この本の英訳が出版された．(4), (5)は，集合論の普及にあずかって力のあった高名の著である．(5)は(4)の改訂版なのであるが，両者それぞれ独自の味わいをもっている．古典的集合論の具体的内容の大勢に通じるのには，好適の著と思われる．

なお，本邦で出版された古典的集合論の主な書物で，気のついたものは次の通りである：
(6) 辻正次『集合論』(1934, 共立出版)
(7) 能代清『極限論と集合論』(1944, 岩波書店)
(8) 稲垣武『集合論』(1956, 共立出版，基礎数学講座)

これらは，いずれも集合論の応用の解説をも含んでいるが，本来の集合論に関連した部分の内容は，本書と大同小異というとこ

ろである.

本書に記されている程度の内容について，更にくわしい解説や注釈を望まれる向きには，次の書物が役立つであろう：

(9) Fraenkel, A., Einleitung in die Mengenlehre（第三版，1928）

(10) Fraenkel, A., Abstract set theory (1953)

(9)は，その前半で本書程度の内容を綿密に解説し，後半では，集合論の基礎についての議論を展開している．(10)は(9)の前半の増補改訂版ともいうべきものである．なお，これらは，豊富な文献表をふくんでいて便利である．

本書のむすびに述べられた集合論のパラドックスに関する事柄，および，それが数学の基礎におよぼした影響については，(9)の後半および

(11) 吉田洋一・赤攝也『数学序説』(1954, 培風館；2013, ちくま学芸文庫)

(12) 赤攝也『基礎論』(1955, 小山書店, 新初等数学講座；2013, 『公理と証明』と改題, ちくま学芸文庫)

(13) Kleene, S.C., Introduction to metamathematics (1952)

を見られたい．なお，(9)の後半の増補改訂版に相当する次の本も参考になろう：

(14) Fraenkel, A. and Bar-Hillel, Y., Foundations of set theory (1958)

集合論を，いくつかの公理に基づいて厳密にくみ立てる例は，(9)および次の書物に見られる：

(15) Gödel, K., The consistency of the axiom of choice and of the generalized continuum-hypothesis with the axioms of set theory (1940)

(16) ブルバキ（前原昭二ほか訳）『集合論 I～III』(1968～69, 東京図書)

ただし，(15)は記号論理学の素養を必要とするから，たとえば(13)の Part II，あるいは

(17)　ヒルベルト，アッケルマン（伊藤誠訳）『記号論理学の基礎』(1954，大阪教育図書)

などを習得してからよみはじめる方がよい．なお，(14)にも，集合論の公理からの建設がのべられている．

　集合論の歴史に関心をもつ人には

(18)　彌永昌吉『現代数学の基礎概念 上』(1944，弘文堂)

をすすめたい．また，集合論の創始者であるカントール自身の全集も出版されている：

(19)　Cantor, G., Gesammelte Abhandlungen mathematischen und philosophischen Inhalts (1932)

　集合論と密接に関連する点集合論については，(2)，(4)，(5)，(6)，(7)，(8)などにその記述がある．

　最後に，次の辞典に，集合論についてのいろいろ興味ある記述の見られることを注意しておく：

(20)　日本数学会編『岩波数学辞典』(2007，第4版，岩波書店)

文庫版への追加

(21)　難波完爾『集合論』(1975，サイエンス社)

(22)　田中尚夫『公理的集合論』(1982，培風館)

両者とも「公理的集合論」の教科書である．

(23)　Rubin, H./Rubin, J., Equivalents of the Axiom of Choice, II (1985)

シールピンスキの定理の赤攝也による別証明がくわしく紹介されている．

(24)　赤攝也『現代の初等幾何学』(1988，日本評論社；2019，ちくま学芸文庫)

補充問題

1. 集合の列 $A_1, A_2, \cdots, A_n, \cdots$ に対して, $B_1=\bigcup_{i=1}^{\infty}A_i$, $B_2=\bigcup_{i=2}^{\infty}A_i$, $\cdots$, $B_n=\bigcup_{i=n}^{\infty}A_i$, $\cdots$ なる集合の列を考えれば, $\bigcap_{j=1}^{\infty}B_j$ は, $A_1, A_2, \cdots, A_n, \cdots$ のうちの無限に多くのものの元になるものの全体である. (注. x が $A_1, A_2, \cdots, A_n, \cdots$ のうちの無限に多くのものの元になるとは, どんな自然数 n をとっても, $n \leq m$, $x \in A_m$ なる m があることをいう. 上の $\bigcap_{j=1}^{\infty}B_j$ は, 集合の列 $A_1, A_2, \cdots, A_n, \cdots$ の **上極限集合** といわれ, $\overline{\lim}_{n\to\infty}A_n$ と記される.)

2. 集合の列 $A_1, A_2, \cdots, A_n, \cdots$ に対して, $C_1=\bigcap_{i=1}^{\infty}A_i$, $C_2=\bigcap_{i=2}^{\infty}A_i$, $\cdots$, $C_n=\bigcap_{i=n}^{\infty}A_i$, $\cdots$ なる集合の列を考えれば, $\bigcup_{j=1}^{\infty}C_j$ は, $A_1, A_2, \cdots, A_n, \cdots$ のうちの最初のいくつかの集合を例外として, 他のすべてに含まれるものの全体である. (注. $\bigcup_{j=1}^{\infty}C_j$ を $A_1, A_2, \cdots, A_n, \cdots$ の **下極限集合** といい $\underline{\lim}_{n\to\infty}A_n$ と書く. また, $\overline{\lim}_{n\to\infty}A_n = \underline{\lim}_{n\to\infty}A_n$ のとき, 列 $A_1, A_2, \cdots, A_n, \cdots$ は収束するといい, $\overline{\lim}_{n\to\infty}A_n = \underline{\lim}_{n\to\infty}A_n$ の両辺を $\lim_{n\to\infty}A_n$ としるす. この集合を $A_1, A_2, \cdots, A_n, \cdots$ の **極限集合** という.)

3. 集合 A から集合 B への関数を f とする. A の任意の部分集合 X に対して, その元の f による像の全体から成る B の部分集合 $\{y \mid f(x)=y$ かつ $x \in X$ なる x がある$\}$ を X^f と書き, X の f による **像** という. しかるとき, A の任意の部分集合 X, Y に対して
$$(X \cup Y)^f = X^f \cup Y^f, \quad (X \cap Y)^f \subseteq X^f \cap Y^f$$
が成立することを示せ. また, $(X \cap Y)^f \neq X^f \cap Y^f$ となるような例をあげよ. (注. X^f を $f(X)$ と書いてある書物もある.)

4. 集合 A から集合 B への関数を f とする. B の任意の部分

集合 X に対して, f による像が X に属するような A の元の全体 $\{x|f(x)\in X\}$ を ^fX と書き, X の f による**原像**という. B の任意の部分集合 X, Y に対して

$$^f(X\cup Y) = {}^fX \cup {}^fY, \quad {}^f(X\cap Y) = {}^fX \cap {}^fY$$

が成立することを示せ. (**注**. ^fX を $f^{-1}(X)$ と書いてある書物もある. しかし, こう書いても, 別に f^{-1} という関数があることを意味するわけではない.)

5. 集合 $A=\{a_1, a_2, \cdots, a_m\}$ から集合 $B=\{b_1, b_2, \cdots, b_n\}$ への関数は, 全部で n^m 個あることを示せ.

6. 任意のもの a, b, a', b' に対して, $\{\{a\}, \{a, b\}\} = \{\{a'\}, \{a', b'\}\}$ が成立すれば, $a=a'$, $b=b'$ であることを示せ. (**注**. この事実は, $\{\{a\}, \{a, b\}\}$ が順序対 (a, b) と全く同じ性質をもつことを示している. つまり, (a, b) は $\{\{a\}, \{a, b\}\}$ なる集合にほかならないと考えられるのである.)

7. $a_1, a_2, \cdots, a_n$ を有限個の相異なる文字とするとき, これらのうちの何個かを選んで並べたものを "アルファベット $a_1, a_2, \cdots, a_n$ からつづられた**単語**" という. もちろん, 一つの単語の中に同じアルファベットが何回出て来てもよいものとする. このとき, 単語の全体から成る集合は可付番であることを示せ. (**注**. 整数はアルファベット $0, 1, 2, \cdots, 9$ および負号 $-$ からつづられる単語の一部である. よって, それは可付番である. また, 有理数は, $0, 1, 2, \cdots, 9$, $-$, $\div$ なるアルファベットからつづられる単語の一部をなす. よって, それも可付番である.)

8. I, J を空ならざる対等な集合とし, I から J への一対一の対応を φ とする. いま, J を添え字の集合とする集合系 $A_j (j\in J)$ が与えられたとき, I の任意の元 i に対して $B_i = A_{\varphi(i)}$ とおけば,

$$\bigcup_{i\in I} B_i = \bigcup_{j\in J} A_j, \quad \bigcap_{i\in I} B_i = \bigcap_{j\in J} A_j$$

が成立することを示せ. (**注**. これらをそれぞれ, $\cup$, $\cap$ の一般

交換法則という.)

9. A を任意の集合,$A_i (i \in I)$ を任意の集合系とするとき,次の式が成立することを確かめよ:

(1) $A \cap (\bigcup_{i \in I} A_i) = \bigcup_{i \in I} (A \cap A_i)$

(2) $A \cup (\bigcap_{i \in I} A_i) = \bigcap_{i \in I} (A \cup A_i)$.

(**注．**(1)を ∩ の ∪ に関する一般分配法則,(2)を ∪ の ∩ に関する一般分配法則という．)

10. 集合系 $A_i (i \in I)$ の各集合 A_i がある一つの基礎の集合 M につつまれているとき,つぎの関係が成立することを確かめよ:

$$(\bigcup_{i \in I} A_i)^c = \bigcap_{i \in I} A_i^c, \quad (\bigcap_{i \in I} A_i)^c = \bigcup_{i \in I} A_i^c.$$

(**注．**これをあわせて,一般化されたド・モルガンの法則という．)

11. $\mathfrak{a}$ を任意の濃度とし,$\mathfrak{b}_i (i \in I)$ を任意の濃度系とする．このとき,つぎの関係の成立することを証明せよ:

$$\mathfrak{a}^{\sum_{i \in I} \mathfrak{b}_i} = \prod_{i \in I} \mathfrak{a}^{\mathfrak{b}_i}, \quad \prod_{i \in I} \mathfrak{b}_i^{\mathfrak{a}} = (\prod_{i \in I} \mathfrak{b}_i)^{\mathfrak{a}}.$$

12. R を実数全体の集合とするとき,R から R への連続関数全体の集合の濃度は $\aleph$ に等しいことを示せ．(**注．**R から R への関数 f が連続であるとは,いかなる実数 x_0,およびいかなる正の実数 ε に対しても,適当に正の実数 δ を選んで,$|x - x_0| < \delta$ なる x に対しては,必ず $|f(x) - f(x_0)| < \varepsilon$ となるようにできることをいう．)

13. 二つの順序型 α, β に対して,$\langle (A, <_1) \rangle = \alpha$,$\langle (B, <_2) \rangle = \beta$,$A \cap B = \emptyset$ なる順序集合 $(A, <_1), (B, <_2)$ をとり,A, B の直和 $A + B$ を考える．しかして,$A + B$ の元 c, d の間につぎの三つのうちのどれか一つが成立するとき $c < d$ とおくことにする:

(1) $c \in A$, $d \in B$;
(2) $c, d \in A$, $c <_1 d$;
(3) $c, d \in B$, $c <_2 d$.

さすれば, $<$ は $A+B$ の上の一つの順序であることを示せ. $\langle (A+B, <) \rangle$ を α と β との**和**といい $\alpha + \beta$ と書く.

14. 二つの順序型 α, β に対して, $\langle (A, <_1) \rangle = \alpha$, $\langle (B, <_2) \rangle = \beta$ なる順序集合 $(A, <_1)$, $(B, <_2)$ をとり, A, B の直積 $A \times B$ を考える. しかして, $A \times B$ の元 (a, b), (a', b') の間につぎの二つのうちのどれかが成立するとき $(a, b) < (a', b')$ とおくことにする :

(1) $b <_2 b'$;
(2) $a <_1 a'$, $b = b'$.

さすれば, $<$ は $A \times B$ の上の一つの順序であることを示せ. $\langle (A \times B, <) \rangle$ を α と β との**積**といい $\alpha \beta$ と書く.

15. 順序型の和と積はつぎの関係をみたすことを示せ :
$$(\alpha + \beta) + \gamma = \alpha + (\beta + \gamma), \quad (\alpha \beta) \gamma = \alpha (\beta \gamma),$$
$$\alpha (\beta + \gamma) = \alpha \beta + \alpha \gamma.$$

16. $<$ を集合 A の上の順序とするとき, $\{(x, y) | x < y, x, y \in A\}$ なる $A \times A$ の部分集合を "$<$ の**グラフ**" といい $G_<$ と書く. $A \times A$ の部分集合 M が A の上のある順序のグラフであるための必要かつ十分な条件は, それがつぎの関係をみたすことである :

(1) A のいかなる元 x に対しても $(x, x) \notin M$.
(2) A の相異なる任意の元 x, y に対して, $(x, y) \in M$ あるいは $(y, x) \in M$.
(3) $(x, y) \in M$, $(y, z) \in M$ ならば $(x, z) \in M$.

また, 一般に $<_1 \neq <_2$ ならば $G_{<_1} \neq G_{<_2}$ であることをたしかめよ.

17. 無限集合 A の上の順序全体の集合の濃度は $2^{|A|}$ 以下であることを示せ.

18. 順序数を元とする集合を W とするとき，W に最後の元がないならば，$\sup_{\beta \in W} \beta$ は極限数である．

19. 空ならざる整列集合 $(I, <)$ から順序数を元とする集合 W への関数 α を，$(I, <)$ を添え字の整列集合とする**順序数系**といい，$\alpha_i (i \in I, <)$ と書く．いま，I の各元 i に対して，$\langle(A_i, <_i)\rangle = \alpha_i$ なる整列集合 $(A_i, <_i)$ をとり，かつ集合系 $A_i (i \in I)$ が素であるようにする．しかして，$A_i (i \in I)$ の直和 $\sum_{i \in I} A_i$ の元 c, d の間につぎの関係の一つが成立するとき，$c <^* d$ と書くことにしよう：

(1) $c \in A_i$, $d \in A_j$, $i < j$；

(2) $c, d \in A_i$, $c <_i d$．

さすれば，$<^*$ は $\sum_{i \in I} A_i$ の上の順序で，かつ $(\sum_{i \in I} A_i, <^*)$ は整列集合であることを示せ．$\langle(\sum_{i \in I} A_i, <^*)\rangle$ を $\alpha_i (i \in I, <)$ の**和**といい，$\sum_{i \in I, <} \alpha_i$ と書く．

20. 順序数系 $\alpha_i (i \in I, <)$ に対して，$\langle(A_i, <_i)\rangle = \alpha_i$ なる整列集合 $(A_i, <_i)$ をとり，$\bigcup_{i \in I} A_i = A$ とする．また，I から A への関数 φ のうちで，つぎの二つの条件をみたすものの全体を $\prod_{i \in I} A_i$ と書く：

(1) $\varphi(i) \in A_i$；

(2) $\varphi(i)$ が A_i の最初の元でないような i は有限個．

しかして，$\prod_{i \in I} A_i$ の二元 φ, ψ の間につぎの関係が成立するとき $\varphi <^* \psi$ とおくことにしよう：

(*) $\varphi(i) \neq \psi(i)$ なる最後の i を i_0 とすれば $\varphi(i_0) <_{i_0} \psi(i_0)$．

さすれば，$<^*$ は $\prod_{i \in I} A_i$ の上の順序で，かつ $(\prod_{i \in I} A_i, <^*)$ は整列集合であることを示せ．$\langle(\prod_{i \in I} A_i, <^*)\rangle$ を $\alpha_i (i \in I, <)$ の**積**といい，$\prod_{i \in I, <} \alpha_i$ と書く．

21. 順序数系 $\alpha_i (i \in I, <)$ において，i のいかんにかかわらず α_i が一定の順序数 α に等しければ，$\langle(I, <)\rangle = \beta$ とおくとき

$$\sum_{i \in I, <} \alpha_i = \alpha\beta, \quad \prod_{i \in I, <} \alpha_i = \alpha^\beta$$

が成立することを示せ．

22. α を任意の順序数，β を1より大きな順序数とすれば，

$$\alpha = \beta^{\mu_1}\nu_1 + \beta^{\mu_2}\nu_2 + \cdots + \beta^{\mu_m}\nu_m, \quad \mu_1 > \mu_2 > \cdots > \mu_m,$$
$$\beta > \nu_1 > 0, \ \beta > \nu_2 > 0, \ \cdots, \ \beta > \nu_m > 0$$

なる $\mu_1, \mu_2, \cdots, \mu_m, \nu_1, \nu_2, \cdots, \nu_m$ がただ一組あることを示せ．
(注．$\beta = \omega$ とおけば，任意の順序数 α は $\omega^{\mu_1}n_1 + \omega^{\mu_2}n_2 + \cdots + \omega^{\mu_m}n_m$ なる形にかけることがわかる．ただし，$\mu_1 > \mu_2 > \cdots > \mu_m$ で，かつ $n_1, n_2, \cdots, n_m$ は自然数である．これを α の**カントールの標準形**という．)

23. $\mathfrak{a}_i \, (i \in I)$，$\mathfrak{b}_i \, (i \in I)$ を二つの濃度系とするとき，もし各 i に対して $\mathfrak{a}_i < \mathfrak{b}_i$ ならば，$\sum_{i \in I} \mathfrak{a}_i < \prod_{i \in I} \mathfrak{b}_i$ が成立することを示せ．
(注．これを**ケーニッヒ (König) の定理**という．ここですべての $\mathfrak{a}_i$ を0とおいたものが選択公理にほかならない．)

問の略解

第1編 集合の代数

I. 問1. $A \subseteq C$ であることは明らか. もし $A=C$ ならば, $B \subseteq C$ より $B \subseteq A$. これは, B が A に属さない元を含むことに矛盾する. ゆえに, $A \subset C$.

II. 問1. $\{2, 5\}$. 問2. $A-B=\{x \mid x$ は $x>0$ なる実数$\}$, $B-A=\{x \mid x$ は $x<0$ なる実数$\}$ 問3. I の定理2：$A=\emptyset$ ならば, C のいかんにかかわらず $A \subseteq C$. $B=\emptyset$ ならば, $A \subseteq B$ より $A=\emptyset$. ゆえに, $A \subseteq C$. $C=\emptyset$ ならば, $B \subseteq C$ より $B=\emptyset$. ゆえに $A=\emptyset$. したがって $A \subseteq C$. I の問1：問の仮定より, B や C は空であり得ない. $A=\emptyset$ ならば, $A \subset B$ より $B \neq \emptyset$. したがって, $B \subset C$ より $C \neq \emptyset$. よって $A \subset C$. I の問2も同様である. 問4. $A'-B=\emptyset$ の場合には, あきらかに $A'-B \subseteq A-B$ であるから, $A'-B \neq \emptyset$ と仮定する. $x \in A'-B$ ならば, $x \in A'$ でかつ $x \notin B$. ゆえに, $A' \subseteq A$ より $x \in A$ かつ $x \notin B$. したがって $x \in A-B$. よって $A'-B \subseteq A-B$. 問6. A や B が空集合の場合は明らかであるから, $A \neq \emptyset$, $B \neq \emptyset$ とする. ところで $A-B=\emptyset$ ということは, $x \in A$ かつ $x \notin B$ なる x がないことにほかならない. しかるに, それは $x \in A$ ならば $x \in B$ ということ, すなわち $A \subseteq B$ ということと同じである. 問9. $A-B \subseteq A \subseteq A \cup B$, $B \subseteq A \cup B$ だから $(A-B) \cup B \subseteq A \cup B$. つぎに $x \in A \cup B$ とする. さすれば $x \in A$ あるいは $x \in B$. もし $x \in B$ ならば $x \in (A-B) \cup B$. また $x \notin B$ ならば $x \in A$ だから $x \in A-B$. よって $x \in (A-B) \cup B$. ゆえに, いずれにしても $x \in (A-B) \cup B$. したがって $A \cup B \subseteq (A-B) \cup B$. これより $A \cup B = (A-B) \cup B$ をうる. 問10. 問9より $(A-B) \cup B = A$

$\cup B$. ゆえに, $(A-B)\cup B=A$ となるための必要かつ十分な条件は $A=A\cup B$, すなわち $B\subseteq A$. **問 11**. (1): $A\cap B$ も $B\cap A$ も, A, B に共通な元の全体から成る集合である. ゆえに $A\cap B=B\cap A$. (2): $(A\cap B)\cap C$ も $A\cap(B\cap C)$ も, A, B, C に共通な元の全体から成る集合である. よって互いに相等しい. **問 15**. $A-B=A$ とは, A のいかなる元も $A-B$ の元であるということ, いいかえれば, A のいかなる元も B の元でないことにほかならない. ゆえに, それは $A\cap B=\emptyset$ ということと同じである. **問 16**. $A\cap(A\cup B)\subseteq A$ は明らかである. 一方, $A\subseteq A$, $A\subseteq A\cup B$ より $A\subseteq A\cap(A\cup B)$. よって $A=A\cap(A\cup B)$.
問 18. (1)から(2): $A\cap(B\cup C)=(A\cap(B\cup C))^{cc}=(A^c\cup(B\cup C)^c)^c=(A^c\cup(B^c\cap C^c))^c=((A^c\cup B^c)\cap(A^c\cup C^c))^c=(A^c\cup B^c)^c\cup(A^c\cup C^c)^c=(A^{cc}\cap B^{cc})\cup(A^{cc}\cap C^{cc})=(A\cap B)\cup(A\cap C)$. (2)から(1)も同様である.

III. 問 1. 可能な関数は, つぎの $f_1, f_2, \cdots, f_9$ の 9 個である: $f_1(1)=3, f_1(2)=3$; $f_2(1)=3, f_2(2)=4$; $f_3(1)=3, f_3(2)=5$; $f_4(1)=4, f_4(2)=3$; $f_5(1)=4, f_5(2)=4$; $f_6(1)=4, f_6(2)=5$; $f_7(1)=5, f_7(2)=3$; $f_8(1)=5, f_8(2)=4$; $f_9(1)=5, f_9(2)=5$. **問 3**. 答: 式 $2(x^2+1)/(x+1)^2$ によって与えられる関数. **問 4**. A の任意の元 a に対して $(f^{-1}\circ f)(a)=a=i_A(a)$. ゆえに $f^{-1}\circ f=i_A$. 同様にして $f\circ f^{-1}=i_B$. つぎに, A の任意の元 a に対して $(f^{-1})^{-1}(a)=b$ とおけば, $a=f^{-1}(b)$. よって $f(a)=b$. したがって $(f^{-1})^{-1}(a)=f(a)$. ゆえに $(f^{-1})^{-1}=f$. **問 5**. C の任意の元 c は g による原像 $b(\in B)$ をもつ. ところで, b は f による原像 $a(\in A)$ をもつ. このとき, $(g\circ f)(a)=g(f(a))=g(b)=c$. ゆえに, a は $g\circ f$ による c の原像である. つぎに, $a, a'\in A$, $a\neq a'$ とすれば $f(a)\neq f(a')$. よって $g(f(a))\neq g(f(a'))$, すなわち $(g\circ f)(a)\neq(g\circ f)(a')$. これで $g\circ f$ の一対一の対応であることがわかった. **問 6**. いずれも同様だから, ここでは最初

の式の証明だけを掲げる：$(a, d) \in A \times (B \cup C)$ ならば，$d \in B \cup C$ だから，$d \in B$ あるいは $d \in C$．よって $(a, d) \in A \times B$ あるいは $(a, d) \in A \times C$．ゆえに $(a, d) \in (A \times B) \cup (A \times C)$．これより $A \times (B \cup C) \subseteq (A \times B) \cup (A \times C)$ が得られる．一方，$(a, b) \in A \times B$ ならば，$b \in B$．したがって $b \in B \cup C$ だから，$(a, b) \in A \times (B \cup C)$．よって $A \times B \subseteq A \times (B \cup C)$．同様にして $A \times C \subseteq A \times (B \cup C)$．ゆえに $(A \times B) \cup (A \times C) \subseteq A \times (B \cup C)$．こうして，$A \times (B \cup C) = (A \times B) \cup (A \times C)$ が示された． **問 7**．$(a, b) \in G_f$ ならば $f(a) = b$．ゆえに $f^{-1}(b) = a$．よって $(b, a) \in G_{f^{-1}}$．他方，$(b, a) \in G_{f^{-1}}$ ならば $f^{-1}(b) = a$．ゆえに $f(a) = b$．したがって $(a, b) \in G_f$．これより，$(a, b) \in G_f$ なるための必要十分条件は $(b, a) \in G_{f^{-1}}$ であることがわかる．

第 2 編 濃　度

I．問 1． 各自然数 i に対して $A_i = \{a_1^{(i)}, a_2^{(i)}, \cdots, a_{n(i)}^{(i)}\}$ とおけば，$\bigcup_{i=1}^{\infty} A_i$ の元は $a_1^{(1)}, a_2^{(1)}, \cdots, a_{n(1)}^{(1)}, a_1^{(2)}, a_2^{(2)}, \cdots, a_{n(2)}^{(2)}, a_1^{(3)}, \cdots$ と並べられる．いま，これに最初から順に番号をつけていく．もちろん，すでに出て来たものはとばすことにする．さすれば，$\bigcup_{i=1}^{\infty} A_i$ の高々可付番であることがわかる． **問 2．** 1 桁の小数は $0.1, 0.2, \cdots, 0.9$ の 9 個，2 桁の小数は $0.01, 0.02, \cdots, 0.99$ の 99 個，3 桁の小数は $0.001, 0.002, \cdots, 0.999$ の 999 個，以下同様に，いかなる n に対しても，n 桁の小数全体の集合 A_n は有限である．よって，問 1 により，有限小数全体の集合 $\bigcup_{i=1}^{\infty} A_i$ は可付番であることがわかる． **問 3．** $f(x) = \dfrac{a'-b'}{a-b} x + \dfrac{ab'-a'b}{a-b}$ とおく．$x_1 > x_2$ ならば $f(x_1) - f(x_2) = \dfrac{a'-b'}{a-b}(x_1 - x_2) > 0$，すなわち $f(x_1) > f(x_2)$．また $f(a) = a'$，$f(b) = b'$．よって $x \in \,]a, b[$ ならば $f(x) \in \,]a', b'[$ で，かつ $x_1 \neq x_2$ ならば $f(x_1) \neq f(x_2)$．一方，$y \in \,]a', b'[$

のとき, $x=\dfrac{a-b}{a'-b'}y+\dfrac{a'b-ab'}{a'-b'}$ とおけば, 明らかに $a<x<b$ かつ $f(x)=y$. ゆえに, f は $]a, b[$ から $]a', b'[$ への一対一の対応である. 閉区間の場合も同様にすればよい.

Ⅱ. **問1.** $a<b$ ならば当然 $a\leqq b$ であるから, $b\leqq c$ とあわせれば $a\leqq c$ が得られる. もし $a=c$ とすれば, $a\leqq b$ かつ $b\leqq a$ となるから $a=b$. しかしこれは $a<b$ と矛盾する. ゆえに $a\neq c$. したがって $a<c$.

Ⅲ. **問1.** 例4により, $a=a+\aleph_0=\aleph_0+a$. また, 有限集合と可付番集合との和集合は可付番だから $n+\aleph_0=\aleph_0+n=\aleph_0$. ゆえに, $n+a=n+(\aleph_0+a)=(n+\aleph_0)+a=\aleph_0+a=a$, $a+n=(a+\aleph_0)+n=a+(\aleph_0+n)=a+\aleph_0=a$. **問2.** たとえば, $a=n$, $a'=\aleph_0$, $b=\aleph_0$ とおけば, $a<a'$ かつ $a+b=\aleph_0=a'+b$. **問3.** (1): 任意の自然数 i に対して, $|A_i|=\dfrac{i(i+1)}{2}-\dfrac{i(i-1)}{2}=i$. (2): いかなる自然数 m に対しても, $\dfrac{i(i-1)}{2}<m\leqq\dfrac{i(i+1)}{2}$ なる i はせいぜい一つである. ゆえに, $m\in A_i$ なる A_i はせいぜい一つしかあり得ない. したがって, $i\neq j$ ならば $A_i\cap A_j=\emptyset$. (3): 任意の自然数 m に対して, $\dfrac{i(i-1)}{2}<m\leqq\dfrac{i(i+1)}{2}$ なる i は必ずある. ゆえに m はある A_i に属する. よって $N=\bigcup_{i=1}^{\infty}A_i$. **問5.** 任意の自然数 i に対して $A_i=]i, i+1[$ とおけば, A_i $(i\in N)$ は素な集合系で, かつ $]1, 2[\subset\sum_{i=1}^{\infty}A_i\subset R$. ゆえに $|]1, 2[|\leqq\sum_{i=1}^{\infty}|A_i|\leqq|R|$. したがって $\aleph\leqq\aleph+\aleph+\cdots+\aleph+\cdots\leqq\aleph$. これより $\aleph=\aleph+\aleph+\cdots+\aleph+\cdots$ が得られる. **問6.** $|B_i|=b_i$ なる素な集合系 B_i $(i\in I)$ をとれば, $a_i\leqq b_i$ より, $A_i\subseteq B_i$ かつ $|A_i|=a_i$ なる集合系 A_i $(i\in I)$ がある. これは明らかに素で, しかも $\sum_{i\in I}A_i\subseteq\sum_{i\in I}B_i$. ゆえに $\sum_{i\in I}a_i=|\sum_{i\in I}A_i|\leqq|\sum_{i\in I}B_i|=\sum_{i\in I}b_i$. **問7.** 例2における番号づけの原則はつぎのごとくである: (1) a_{ij}, a_{kl} において, $i+j<k+l$ ならば, a_{ij} の番号は a_{kl} の番号より

小さい；(2) $i+j=k+l$, $i<k$ ならば，a_{ij} の番号は a_{kl} の番号より小さい．ゆえに，一般に，a_{ij} の番号 $=(k+l<i+j$ なる a_{kl} の個数$)$$+i=\{1+2+\cdots+(i+j-2)\}+i=\dfrac{(i+j-2)(i+j-1)}{2}+i$. 逆に，自然数 n を番号にもつ a_{ij} を求めるには，つぎのようにすればよい：まず，$\dfrac{k(k-1)}{2}<n\leqq\dfrac{k(k+1)}{2}$ なる k を求める．さすれば，$k=i+j-1$, $n-\dfrac{k(k-1)}{2}=i$. したがって，$i=n-\dfrac{k(k-1)}{2}$, $j=\dfrac{k(k+1)}{2}-n+1$.

IV. 問1. (3)：$|A|=\mathfrak{a}$, $|B|=\mathfrak{b}$, $|C|=\mathfrak{c}$, $B\cap C=\emptyset$ なる A, B, C をとれば，$A\times(B+C)=A\times(B\cup C)=(A\times B)\cup(A\times C)$. しかるに，$(A\times B)\cap(A\times C)=\emptyset$ だから $A\times(B+C)=(A\times B)+(A\times C)$. これより $\mathfrak{a}(\mathfrak{b}+\mathfrak{c})=|A\times(B+C)|=|(A\times B)+(A\times C)|=\mathfrak{a}\mathfrak{b}+\mathfrak{a}\mathfrak{c}$. (4)：$|A'|=\mathfrak{a}'$, $|B|=\mathfrak{b}$ なる A', B をとれば，$\mathfrak{a}\leqq\mathfrak{a}'$ より $A\subseteq A'$ かつ $|A|=\mathfrak{a}$ なる A がある．明らかに $A\times B\subseteq A'\times B$. ゆえに $\mathfrak{a}\mathfrak{b}=|A\times B|\leqq|A'\times B|=\mathfrak{a}'\mathfrak{b}$. 問3. $1\leqq\aleph_0\leqq\aleph$ より $1\cdot\aleph\leqq\aleph_0\cdot\aleph\leqq\aleph\cdot\aleph$, すなわち $\aleph\leqq\aleph_0\aleph\leqq\aleph$. ゆえに $\aleph_0\aleph=\aleph$. 問8. $|B_i|=\mathfrak{b}_i$ なる集合系 $B_i (i\in I)$ をとれば，$\mathfrak{a}_i\leqq\mathfrak{b}_i$ より，$A_i\subseteq B_i$ かつ $|A_i|=\mathfrak{a}_i$ なる集合系 $A_i (i\in I)$ がある．明らかに $\bigcup_{i\in I}A_i\subseteq\bigcup_{i\in I}B_i$. ゆえに，$I$ から $\bigcup_{i\in I}A_i$ への関数 φ のうちで，I の任意の元 i に対して $\varphi(i)\in A_i$ となるようなものをとれば，これは，I から $\bigcup_{i\in I}B_i$ への関数と考えられ，かつ $\varphi(i)\in B_i$ となる．よって $\prod_{i\in I}A_i\subseteq\prod_{i\in I}B_i$. したがって $\prod_{i\in I}\mathfrak{a}_i\leqq\prod_{i\in I}\mathfrak{b}_i$.

V. 問2. $|A|=\mathfrak{a}$, $|B|=\mathfrak{b}$, $|C|=\mathfrak{c}$ なる A, B, C をとる．$(A\times B)^C\sim A^C\times B^C$ となることをいえばよい．$A^C\times B^C$ の元 (φ, ψ) をとれば，φ は C から A への関数であり，ψ は C から B への関数である．ここで，C の元 c に $(\varphi(c), \psi(c))$ なる $A\times B$ の元を対応させる関数 ξ を考えよう．しかして，(φ, ψ) にこの ξ を対応

させることにすれば，明らかにこれは $A^C \times B^C$ から $(A \times B)^C$ への一対一の対応である．ゆえに $A^C \times B^C \sim (A \times B)^C$． **問 3.** $|C|=\mathfrak{c}$, $|D|=\mathfrak{d}$ なる C, D をとれば，$\mathfrak{a}\leq\mathfrak{c}$, $\mathfrak{b}\leq\mathfrak{d}$ より，$A \subseteq C$, $|A|=\mathfrak{a}$; $B \subseteq D$, $|B|=\mathfrak{b}$ なる A, B がある．いま，C の任意の元 c を一つえらぼう．しかして，A^B の任意の元 φ から，つぎのような C^D の元 ψ を構成する：

$$\psi(x) = \begin{cases} \varphi(x) & (x \in B \text{ のとき}) \\ c & (x \in D-B \text{ のとき}). \end{cases}$$

ここで，φ にこの ψ を対応させることにすれば，これは A^B から C^D のある部分集合への一対一の対応である．よって $|A^B| \leq |C^D|$．ゆえに $\mathfrak{a}^\mathfrak{b} \leq \mathfrak{c}^\mathfrak{d}$． **問 4.** IVの問 8 によって，$2 \cdot 2 \cdot 2 \cdots 2 \cdots \leq 2 \cdot 3 \cdot 4 \cdots n \cdots \leq \aleph_0 \aleph_0 \aleph_0 \cdots \aleph_0 \cdots$．ゆえに，$\aleph = 2^{\aleph_0} \leq 1 \cdot 2 \cdot 3 \cdots n \cdots \leq \aleph_0^{\aleph_0} = \aleph$．したがって $1 \cdot 2 \cdot 3 \cdots n \cdots = \aleph$．

第 3 編 順 序 数

I. **問 1.** $A \subseteq C$ は明白．$x, y \in A$, $x < y$ ならば，$(A, <) \subseteq (B, <')$ より $x <' y$．さすれば，$(B, <') \subseteq (C, <'')$ より $x <'' y$．ゆえに $(A, <) \subseteq (C, <'')$． **問 3.** 順序集合 $(A, <)$ が二つの相異なる最初の元 a, a' をもつとすれば，$a < a'$ かつ $a' < a$．これは矛盾である．最後の元についても同様． **問 4.** (1)：$x < y$ ならば $i_A(x) = x < y = i_A(y)$．よって，i_A は同型対応である．(2)：$x, y \in B$, $x <' y$ とする．もし $\varphi^{-1}(y) < \varphi^{-1}(x)$ ならば，$\varphi(\varphi^{-1}(y)) <' \varphi(\varphi^{-1}(x))$ すなわち $y <' x$ となり矛盾．ゆえに $\varphi^{-1}(x) < \varphi^{-1}(y)$．よって φ^{-1} は同型対応である．(3)：$\psi \circ \varphi$ が一対一の対応であることは明らか．$x, y \in A$, $x < y$ ならば $\varphi(x) <' \varphi(y)$．したがって $\psi(\varphi(x)) <'' \psi(\varphi(y))$, すなわち $(\psi \circ \varphi)(x) <'' (\psi \circ \varphi)(y)$．よって $\psi \circ \varphi$ は同型対応である． **問 8.** B から A への一対一の対応を φ とし，B の任意の二元 x, y に対して，$\varphi(x) < \varphi(y)$ のとき $x <' y$ とおく．さすれば，$<'$ は B の上の順序で，

φ は $(B, <')$ から $(A, <)$ への同型対応となる.よって $\langle(B, <')\rangle = \langle(A, <)\rangle = \alpha$. **問9**. たとえば,$(2, 4, 6, \cdots) \subset (1, 2, 3, \cdots)$ かつ $\langle(2, 4, 6, \cdots)\rangle = \langle(1, 2, 3, \cdots)\rangle = \omega$.

II. **問1**. $<$ が A の上の順序であることは明らかであろう.つぎに,$(A, <)$ が整列集合であることを示す.A の空ならざる部分集合を C とする.C の元の分母全体の集合は,自然数全体の集合 N の空ならざる部分集合として最小元 p_0 をもつ.いま,C の元のうちで,分母が p_0 であるようなものの全体の集合を C_1 とおこう.さすれば,その元の分子全体の集合は,上と同様の理由から最小元 q_0 をもつ.明らかに $\dfrac{q_0}{p_0}$ は C の最初の元である.**問2**. $\bigcup_{a \in I} B_a = B$ とおく.$b \in B$ とし,$x < b$ なる A の任意の元 x を考える.和集合の定義から,$b \in B_a = A(a)$ かつ $a \in I$ なる a がある.さすれば $x \in A(a)$.ゆえに $x \in \bigcup_{a \in I} A(a) = B$.よって,(f) により,$B$ は A に一致するか,さもなければ A のある切片に等しい.

III. **問3**. A の上限を α_1 とする.$\xi \in W\{\alpha_1\}$ とすれば,$\xi < \alpha_1$ であるから,上限の性質によって,$\xi < \alpha$ かつ $\alpha \in A$ なる α がある.よって $\xi \in W\{\alpha\} \subseteq W$.ゆえに $W\{\alpha_1\} \subseteq W$.一方,$\xi \in W$ ならば,$\xi \in W\{\alpha\}$ かつ $\alpha \in A$ なる α がある.よって,$\xi < \alpha \leq \alpha_1$,すなわち $\xi < \alpha_1$.ゆえに $\xi \in W\{\alpha_1\}$.これより $W \subseteq W\{\alpha_1\}$ が知られる.したがって,$W = W\{\alpha_1\}$.ゆえに $\langle W \rangle = \langle W\{\alpha_1\} \rangle$,すなわち $\alpha_0 = \alpha_1$.**問4**. A から A' への同型対応を φ,B から B' への同型対応を ψ とする.いま,$A + B$ から $A' + B'$ へのつぎのような関数 ξ を考えよう:
$$\xi(x) = \begin{cases} \varphi(x) & (x \in A \text{ のとき}) \\ \psi(x) & (x \in B \text{ のとき}). \end{cases}$$
さすれば,たやすく知られるように,ξ は $A + B$ から $A' + B'$ への同型対応である.**問7**. $\langle B \rangle = \beta$ なる B をとれば,$\alpha < \beta$ より,B は $\langle B(b) \rangle = \alpha$ なる切片 $B(b)$ をもつ.$B - B(b) = C$ とお

く．さすれば，$a \in B(b)$，$c \in C$ のとき，$a < b$ で，かつ $b < c$ または $b = c$．ゆえに $a < c$．したがって $B = B(b) + C$ である．$\langle C \rangle = \gamma$ とおけば，$\beta = \langle B \rangle = \langle B(b) \rangle + \langle C \rangle = \alpha + \gamma$．もし，$\alpha + \gamma = \beta = \alpha + \gamma'$ となるような相異なる γ，γ' があるとすれば，$\gamma < \gamma'$ または $\gamma > \gamma'$ だから，$\alpha + \gamma < \alpha + \gamma'$ または $\alpha + \gamma > \alpha + \gamma'$ となって矛盾を生じる．　**問 10**．　(1)：$\langle A \rangle = \alpha$，$\langle B' \rangle = \beta'$ なる A，B' をとれば，$\beta < \beta'$ より，B' は $\langle B'(b) \rangle = \beta$ なる切片 $B'(b)$ をもつ．明らかに，$\langle A \times B'(b) \rangle = \alpha\beta$，$\langle A \times B' \rangle = \alpha\beta'$．いま，$A$ の最初の元を a_0 とすれば，$A \times B'$ の (a_0, b) による切片は $A \times B'(b)$ に等しい．ゆえに $\langle A \times B'(b) \rangle < \langle A \times B' \rangle$，すなわち $\alpha\beta < \alpha\beta'$．　(2)：$\langle A' \rangle = \alpha'$，$\langle B \rangle = \beta$ なる A'，B をとれば，$\alpha < \alpha'$ より，A' は $\langle A'(a) \rangle = \alpha$ なる切片 $A'(a)$ をもつ．明らかに $A'(a) \times B \subseteq A' \times B$．よって $\langle A'(a) \times B \rangle \leq \langle A \times B \rangle$，すなわち $\alpha'\beta \leq \alpha\beta$．　**問 11**．　W に最大元 γ があれば，$\sup_{\beta \in W} \beta = \gamma$，$\sup_{\beta \in W}(\alpha\beta) = \alpha\gamma$．よって $\alpha \sup_{\beta \in W} \beta = \alpha\gamma = \sup_{\beta \in W}(\alpha\beta)$．つぎに，$W$ に最大元のない場合を考える．$\sup_{\beta \in W} \beta = \gamma$ とおく．$\alpha\gamma = \sup_{\beta \in W}(\alpha\beta)$ なることをいえばよい．$\beta \in W$ ならば，$\beta \leq \gamma$ だから $\alpha\beta \leq \alpha\gamma$．あとは，$\xi < \alpha\gamma$ なる ξ に対して，つねに，$\xi < \alpha\beta$ なる W の元 β があることをいえば十分である．$\langle A \rangle = \alpha$，$\langle C \rangle = \gamma$ なる A，C をとれば，$\langle A \times C \rangle = \alpha\gamma$．よって，$\xi < \alpha\gamma$ ならば，$A \times C$ は順序数 ξ をもつような切片 $(A \times C)((a, c))$ をもつ．明らかに $\langle C(c) \rangle < \langle C \rangle = \gamma$．よって，$\langle C(c) \rangle < \beta < \gamma$ かつ $\beta \in W$ なる β がある．$\langle C(d) \rangle = \beta$ なる d をとり，A の最初の元を a_0 とおく．さすれば，$c < d$ だから $(a, c) < (a_0, d)$．よって $\xi = \langle (A \times C)((a, c)) \rangle < \langle (A \times C)((a_0, d)) \rangle$．しかるに $(A \times C)((a_0, d)) = A \times C(d)$．ゆえに $\xi < \langle A \rangle \times \langle C(d) \rangle = \alpha\beta$．　**問 12**．　$\beta\xi \leq \alpha$ となるような ξ 全体の集合 W の上限を γ とする．さすれば，$\beta\gamma = \beta \sup_{\xi \in W} \xi = \sup_{\xi \in W} \beta\xi$ であるから $\beta\gamma \leq \alpha$．よって，問 7 により，$\alpha = \beta\gamma + \rho$ なる ρ がある．$\rho \geq \beta$ ならば，$\alpha = \beta\gamma + \rho \geq \beta\gamma + \beta = \beta \times (\gamma + 1)$ となって γ の性質にそむくか

ら，$\beta > \rho \geqq 0$．つぎに，$\alpha = \beta\gamma_1 + \rho_1 = \beta\gamma_2 + \rho_2$，$\beta > \rho_1 \geqq 0$，$\beta > \rho_2 \geqq 0$ となったとする．もし，$\gamma_1 < \gamma_2$ ならば，$\beta\gamma_1 + \rho_1 < \beta\gamma_1 + \beta = \beta(\gamma_1 + 1) \leqq \beta\gamma_2 \leqq \beta\gamma_2 + \rho_2$ となって矛盾である．同様にして $\gamma_1 > \gamma_2$ でもない．ゆえに $\gamma_1 = \gamma_2$．つぎに，$\rho_1 < \rho_2$ ならば $\beta\gamma_1 + \rho_1 < \beta\gamma_1 + \rho_2 = \beta\gamma_2 + \rho_2$ となって矛盾である．同様にして $\rho_1 > \rho_2$ でもない．ゆえに $\rho_1 = \rho_2$．したがって，$\alpha = \beta\gamma + \rho$，$\beta > \rho \geqq 0$ なる γ，ρ はただ一通りである．　**問 15．**　0 ならざる任意の順序数 δ をとり，$0, \delta$ 間の超限帰納法によって，ξ に関する命題 $\xi \leqq \alpha^\xi$ の正しいことを証明する：$\xi = 0$ ならば，$0 < 1 = \alpha^0$ であるから命題は正しい．$0 \leqq \xi < \nu (<\delta)$ なる任意の ξ について命題は正しいとする．ν が孤立数ならば，$\nu = \nu^- + 1 \leqq \nu^- + \nu^- = \nu^- 2 \leqq \nu^- \alpha \leqq \alpha^{\nu^-} \alpha = \alpha^{\nu^- + 1} = \alpha^\nu$．$\nu$ が極限数ならば，ν より小さい任意の ξ に対して $\xi \leqq \alpha^\xi < \alpha^\nu$．よって $\nu = \sup_{\xi \in W(\nu)} \xi \leqq \sup_{\xi \in W(\nu)} \alpha^\xi \leqq \alpha^\nu$．ゆえに，$0 \leqq \xi < \delta$ なる任意の ξ に対して $\xi \leqq \alpha^\xi$ である．δ は任意であるから，これで問は証明された．　**問 16．**　$\langle A' \rangle = \alpha'$，$\langle B \rangle = \beta$ なる A'，B をとれば，$\alpha < \alpha'$ より，A' は $\langle A'(a) \rangle = \alpha$ なる切片 $A'(a)$ をもつ．$A'(a)^{\circ B}$ の元は，明らかに $A'^{\circ B}$ の元の一種と考えることができる．また，$A'(a)^{\circ B}$ の元 φ，ψ の間に $\varphi < \psi$ が成り立てば，それらを $A'^{\circ B}$ の元と見なしてもやはり $\varphi < \psi$ が成立する．よって，$A'(a)^{\circ B} \leqq A'^{\circ B}$ と見なされる．ゆえに $\langle A'(a)^{\circ B} \rangle \leqq \langle A'^{\circ B} \rangle$，すなわち $\alpha^\beta \leqq \alpha'^\beta$．　**問 17．**　α が 1 の場合には，問が成立することは明らかであるから，$\alpha > 1$ と仮定する．W が最大元 γ をもてば，$\sup_{\beta \in W} \beta = \gamma$，$\sup_{\beta \in W} \alpha^\beta = \alpha^\gamma$．よって，$\alpha^{\sup_{\beta \in W} \beta} = \alpha^\gamma = \sup_{\beta \in W} \alpha^\beta$．つぎに，$W$ が最大元をもたない場合を考える．$\sup_{\beta \in W} \beta = \gamma$ とおく．$\alpha^\gamma = \sup_{\beta \in W} \alpha^\beta$ なることをいえばよい．まず，$\beta \in W$ ならば，$\beta \leqq \gamma$ だから $\alpha^\beta \leqq \alpha^\gamma$．あとは，$\xi < \alpha^\gamma$ なる ξ に対して，つねに $\xi < \alpha^\beta$，$\beta \in W$ なる β のあることをいえば十分である．$\langle A \rangle = \alpha$，$\langle C \rangle = \gamma$ なる A，C をとる．さすれば $\langle A^{\circ C} \rangle = \alpha^\gamma$．よって，$\xi < \alpha^\gamma$ ならば，$A^{\circ C}$ は $\langle A^{\circ C}(\varphi) \rangle = \xi$ なる切片 $A^{\circ C}(\varphi)$ をもつ．A の最初の

元を a_0 とし，$\varphi(x) \neq a_0$ なる最後の x を c_0 とおく．$\langle C(c_0) \rangle < \langle C \rangle = \gamma$ だから，$\langle C(c_0) \rangle < \beta < \gamma$，$\beta \in W$ なる β がある．$\langle C(d) \rangle = \beta$ なる d をとり，つぎのような $A^{\circ C}$ の元 φ_0 を考えよう：

$$\varphi_0(x) = \begin{cases} a_1 & (x = d \text{ のとき}) \\ a_0 & (x \neq d \text{ のとき}). \end{cases}$$

ただし，a_1 は A における a_0 のつぎの元 a_0^+ である．さすれば，$c_0 < d$ より $\varphi < \varphi_0$．よって，$\xi = \langle A^{\circ C}(\varphi) \rangle < \langle A^{\circ C}(\varphi_0) \rangle$．しかるに，定理 17 の証明からわかるように，$A^{\circ C}(\varphi_0) \simeq A^{\circ C(d)}$．ゆえに $\xi < \langle A^{\circ C(d)} \rangle = \alpha^\beta$．　　**問 18．** $\langle A \rangle = \alpha$，$\langle B \rangle = \beta$，$\langle C \rangle = \gamma$，$B \cap C = \emptyset$ とおく．$A^{\circ (B+C)} \simeq A^{\circ B} \times A^{\circ C}$ を示せばよい．$(\varphi, \psi) \in A^{\circ B} \times A^{\circ C}$ とすれば，φ は $A^{\circ B}$ の元，ψ は $A^{\circ C}$ の元である．いま，これらに基づいて，つぎのような，$B+C$ から A への関数をつくろう：

$$\xi(x) = \begin{cases} \varphi(x) & (x \in B \text{ のとき}) \\ \psi(x) & (x \in C \text{ のとき}). \end{cases}$$

さすれば，明らかに $\xi \in A^{\circ (B+C)}$．しかして，(φ, ψ) にこのようにしてつくられた ξ を対応させる関数は，$A^{\circ B} \times A^{\circ C}$ から $A^{\circ (B+C)}$ への同型対応である．よって $A^{\circ B} \times A^{\circ C} \simeq A^{\circ (B+C)}$．　　**問 19．** $\beta^\xi \leqq \alpha$ なる ξ 全体の集合 W の上限を γ とすれば，$\beta^\gamma = \beta^{\sup_{\xi \in W} \xi} = \sup_{\xi \in W} \beta^\xi$ だから $\beta^\gamma \leqq \alpha$．明らかに $\gamma \geqq 1$．問 12 によって，$\alpha = \beta^\gamma \delta + \rho$，$\beta^\gamma > \rho$ なる δ, ρ がある．明らかに $\delta \geqq 1$．$\delta \geqq \beta$ ならば，$\alpha = \beta^\gamma \delta + \rho \geqq \beta^\gamma \beta + \rho \geqq \beta^{\gamma+1}$ となって，γ の性質にそむくから $\delta < \beta$．ゆえに $\beta > \delta \geqq 1$．$\alpha = \beta^\gamma \delta + \rho = \beta^{\gamma'} \delta' + \rho'$ $(\beta > \delta \geqq 1, \beta > \delta' \geqq 1, \beta^\gamma > \rho, \beta^{\gamma'} > \rho')$ のとき，$\gamma = \gamma'$, $\delta = \delta'$, $\rho = \rho'$ となることは，問 12 と全く同様にして知られる．

文庫版付記

　巻頭の「文庫化に際して」で述べたように，本書は古典的集合論の解説書であって，公理的集合論を述べたものではない．あくまでも，その現代的理論への入門書としての役割を果たすことを目的としたものなのである．

　ところで，古典的理論と現代的理論とでは，その内容はともかくとして，その構成が著しく異なっている．一言でいえば，前者では"濃度"が先で"順序数"が後であるのに対し，後者ではそれらがまったく逆になっているのである．

　その結果として，私は78ページの注意2，および146ページの注意2のような断り書きをしなければならなかった．平たく言えば，これらは古典的理論の公理のようなものであるが，次のような理由で，私が"しぶしぶ"採用したものなのである．というのは，前者は，同じ濃度をもつ集合全体の各クラスから，一つずつ集合を選ぶというもの．後者は，同じ順序型をもつ順序集合全体の各クラスから，一つずつ順序集合を選ぶというものであるが，これらは猛烈な"超選択公理（？）"というべきものではあるまいか．

しかし，古典的理論ではそういう伝統があり，それに不合理とも言えないものなのだから致し方がない．本書を執筆していた当時，このことを注意した書物に出会ったことは一度もなかった．多分，諸先輩は自明と考えたのだと思う．私は大いに困ったが，そうせざるを得なかったのである．

　ここでは，そのあたりの事情をもう少し詳しく説明しておこう．

　古典的理論では，濃度や順序数というものが何者であるか，まったく説明しない．いわば，"そのように呼ばれるあるもの"なのである．だから，わかりやすい濃度を先にするという伝統ができてしまった．しかし，公理的理論で扱うのは，すべてが集合かクラスであって，濃度も順序数もその例外ではない．そして，順序数がどういう集合であるかをまず定義し，それを利用して濃度を構成するのが一番簡単なのである．現代的理論で順序数を先にするのはそのゆえに他ならない．

　そこで，以下に公理的理論では順序数と濃度とをいかなる集合とするかを説明しておこう．

　まず順序数．（これはフォン・ノイマン（von Neumann）の工夫である．）

　次のような集合の列を考える．
$$\emptyset,\ \{\emptyset\},\ \{\emptyset,\{\emptyset\}\},\ \{\emptyset,\{\emptyset\},\{\emptyset,\{\emptyset\}\}\},\ \cdots \qquad (*)$$
ここでは，どの項も，それより前にあるものの全体である．そして，これらの項も，さらにそれらの項全体の集合も，

（それらを a と書くことにすれば）次の三つの条件を満たしている：

（ⅰ） $a \ni x, y$ ならば
$$x \in y, \quad x = y, \quad x \ni y$$
のどれか一つが成り立つ．

（ⅱ） $a \ni x, x \ni y$ ならば，$a \ni y$ である．

（ⅲ） 組 $(a, \in)$ は整列集合である．（$\in$ を順序関係 $<$ と考えるのである．）

（公理的集合論では，）これらの条件を満たす組 $(a, \in)$ あるいは a のことを一般に"順序数"と呼び，
$$\alpha, \beta, \gamma, \cdots, \xi, \eta, \cdots$$
のようなギリシャ小文字で表わす．（因みに，前ページの(*)にあげた順序数は，それぞれ 0, 1, 2, 3, … と書かれる．また，その列の項の全体から成る集合（順序数）は ω と書かれる．）

任意の整列集合 $(A, <)$ に対し，それと同型な順序数 α をその順序数といい，$\langle (A, <) \rangle$ あるいは $\overline{(A, <)}$ と書く．誤解の恐れのない時は，もちろん $\langle A \rangle$ あるいは $\overline{A}$ と書くわけである．あとは本文と同様に議論を進めていけばよい．（順序数 α の順序数が α 自身なのである．だから，順序数 α の整列集合がほしければ，α をとればよいことになる．）

次は濃度．

本文でも述べたように，"整列可能定理"により，どのような集合 A も，その上に順序を定義して，整列集合にする

ことができる．しかし，A から出来る整列集合は無数にありうる．だから，それらの順序数も無数にありうるわけである．しかし，幸いなことにそれらの順序数全体の集合には，本文の 162 ページの注意 4 で述べたように，最小元がある．そこで，これをもとの集合 A の "濃度" あるいは "基数" といい，$|A|$ あるいは $\overline{A}$ と書く．あとは本文のように議論を進めていけばよい．濃度を

$$\mathfrak{a}, \mathfrak{b}, \mathfrak{c}, \cdots, \mathfrak{g}, \mathfrak{h}, \cdots$$

のようにドイツ小文字で書くことも同様である．（濃度 $\mathfrak{a}$ の濃度が $\mathfrak{a}$ 自身なのである．だから，濃度 $\mathfrak{a}$ の集合がほしければ，$\mathfrak{a}$ をとればよいことになる．）

以上で付記を終わる．

2013 年 7 月 25 日

赤　攝　也

さらなる付記：ところで，集合論の公理系の無矛盾性の証明は数学的には不可能である．しかし「有限論理」という特殊な考え方を用いれば簡単に証明できる．詳しくは参考文献（24）を見ていただきたい．

2019 年 1 月 24 日

赤　攝　也

索　引

ア　行

α-順序型　146
間にある　142
相異なる（関数に関する）　58
　——（集合に関する）　26
後にある（succeed）　133, 218
アレフ　78
アレフ・ゼロ　78
一対一の対応（one to one correspondence）　61
一般化されたド・モルガンの法則　241
一般交換法則　240, 241
一般分配法則　241
一般連続体問題　97
ε-数（ε-number）　188

カ　行

開区間　86
下極限集合　239
cup　42
可付番でない集合　83
可付番集合（enumerable set）　78
可付番の濃度　78
関数（function）　55
　——の濃度　86
カントール（Cantor）　17, 18
　——の標準形（Cantor's normal form）　244
ガンマ列　197, 221
基数　157
基礎の集合（underlying set）　135

帰納的　225
　——集合（inductive set）　225
逆関数（inverse function）　63
cap　45
共通部分（intersection）　44, 105
極限集合　239
極限数（limit number）　163
極大元（maximal element）　223
極大整列集合　221
空集合（empty set）　36, 138
空順序集合　138
クラス　207, 229
グラフ（graph）　67, 242
結合集合　120
結合法則（associative law）　43, 46, 101, 113, 178
ゲーデル（Gödel）　229
ケーニッヒ（König）の定理　244
元（element）　25
原像（inverse image）　57, 240
交換法則（commutative law）　43, 46, 101, 113
格子点（lattice point）　117
合成　60
　——関数（composed function）　60
恒等関数　62
孤立数（isolated number）　163

サ　行

差　34
　——集合（difference）　34
最後の元（last element）　142

最初の元 (first element) 141
始域 56
写像 (mapping) 55
終域 56
集合 (set) 23
——演算の双対性 50
——系 103
——族 (family of sets) 51
——の代数 20
——の表現 27
集合論の公理 229
収束 (converge) 239
順序 (order) 133
——関係 133
——型 (order type) 145
——型の積 242
——型の和 242
——集合 (ordered set) 135
——対 65
——のある組 65, 66, 230
——の理論 18
順序数 (ordinal number) 158
——系 243
——の積 172
——の大小 160
——の巾 184
——の和 167, 243
join 42
商 175
上界 (upper bound) 224
上極限集合 239
上限 (supremum) 163
剰余 175
序数 157
真部分集合 31, 138
真部分順序集合 138
数学基礎論 206

数学的帰納法 (mathematical induction) 175
整列可能定理 (well-ordering theorem) 201, 219
整列可能な集合 219
整列集合 (well-ordered set) 148
——の積 171
——の比較 152
——の巾 184
——の和 167
切片 (section) 150
線型順序 (linear order) 218
全順序 218
選択関数 195, 196
選択公理 (axiom of choice) 195, 234
像 (image) 57, 89, 239
相似 (similar) 140
双対性 50
添え字 (index) 104
——の集合 104, 107
——の整列集合 243
属する (belong to) 25
素な集合系 109

タ 行

第一種の集合 204
第一級の順序数 159
第一の原則 14
代数的数 (algebraic number) 80
対等 (equivalent) 75
第二種の集合 204
第二級の順序数 159
第二の原則 14
代表 221
互いに素 (disjoint) 45
高々可付番な集合 82

単語 240
置換公理（axiom of substitution） 233
超越数（transcendental number） 85, 101
超限帰納法（transfinite induction） 177
超限順序数（transfinite ordinal number） 159
直積（direct product） 65, 121
直和（direct sum） 45, 109
ツェルメロ（Zermelo） 195
——の公理 195
ツォルン（Zorn）の補題 216, 220
——の変形 223
つぎの（順序）数 163
つつまれる
つつむ（comprise） 30
定義域 56
同型（isomorphic） 140
——対応（isomorphism） 140
特性関数（characteristic function） 125
ド・モルガン（de Morgan）の法則 50

ナ 行

濃度（cardinal number） 77, 144
——の積 111, 119
——の大小 87
——の比較可能定理 201, 222
——の巾 122
——の和 98, 108
濃度系 107
——の積 121
——の和 109

ハ 行

配置集合 124
番号 159
半順序（partial order） 216, 218
——集合（partially ordered set） 218
左閉区間 95
等しい（関数に関する） 58
——（集合に関する） 26
——（順序集合に関する） 135
含まれる 25
含む（contain） 25
部分集合（subset） 30, 137, 219
部分順序集合 137
部分半順序集合 218
ブラリ＝フォルティ（Burali-Forti）のパラドックス 206
分配法則（distributive law） 114
閉区間 86
巾集合（power set） 51
——の濃度 122
ベルナイス（Bernays） 229
ベルンシュタイン（Bernstein）の定理 91
補集合（complement） 38

マ 行

前にある（precede） 133, 218
右閉区間 95
meet 45
無限公理（axiom of infinity） 232
無限集合（infinite set） 26
無限順序数（infinite ordinal number） 159
無限濃度（infinite cardinal number） 78

ヤ 行

有限集合 (finite set) 26
有限順序数 (finite ordinal number) 159
有限濃度 (finite cardinal number) 78
有理点 (rational point) 117
ユークリッド空間 (euclidean space) 116

ラ 行

ラッセル (Russell) のパラドックス 206
累乗 122
連続関数 241
連続体の濃度 85
連続体の問題 (continuum problem) 90, 97
論理記号 (logical symbol) 212
論理的な言葉 211

ワ 行

和 (union) 41
── 集合 41, 104, 105

記 号

$a \in A$, $A \ni a$ 25
$a \notin A$, $A \not\ni a$ 25
$A = B$, $A \neq B$ 26
$\{a, b, c, \cdots\}$ 28
$\{x \mid C(x)\}$ 29
$A \subseteq B$, $B \supseteq A$ 31
$A \subset B$, $B \supset A$ 31
$A - B$ 34
$\emptyset$ 36
A^c 41
$A \cup B$ 42
$\bigcup_{i=1}^{n} A_i$ 44
$\bigcup_{i=1}^{\infty} A_i$ 44
$A \cap B$ 45
$A + B$ 45
$\bigcap_{i=1}^{n} A_i$ 47
$\bigcap_{i=1}^{\infty} A_i$ 47
2^A 52
$f = g$, $f \neq g$ 58
$g \circ f$ 60
i_A 62
f^{-1} 63
(a, b) 64
$A \times B$ 65
(a, b, c) 66
G_f 67
$A \sim B$ 75
$|A|$ 77
$\aleph_0$ 78
$\aleph$ 85
$\mathfrak{f}$ 86
$]a, b[$, $[a, b]$ 86
$\mathfrak{a} < \mathfrak{b}$, $\mathfrak{b} > \mathfrak{a}$ 88
X^φ 89
$]a, b]$, $[a, b[$ 95
$\mathfrak{a} + \mathfrak{b}$ 98
$\sum_{i=1}^{n} \mathfrak{a}_i$ 101
$A_i (i \in I)$ 103
$\bigcup_{i \in I} A_i$ 104
$\bigcap_{i \in I} A_i$ 105
$\bigcup_{X \in \mathfrak{A}} X$ 105
$\bigcap_{X \in \mathfrak{A}} X$ 105
$\mathfrak{a}_i (i \in I)$ 107
$\sum_{i \in I} \mathfrak{a}_i$ 109
$\sum_{i=1}^{\infty} \mathfrak{a}_i$ 109
$\sum_{i \in I} A_i$ 109
$\sum_{i=1}^{n} A_i$ 109

索 引

$\sum_{i=1}^{\infty} A_i$ 109
$\mathfrak{a} \times \mathfrak{b}$ 112
$\mathfrak{a}\mathfrak{b}$ 112
$\Pi_{i \in I} A_i$ 120
$\Pi_{i=1}^{n} A_i$ 120
$\Pi_{i=1}^{\infty} A_i$ 120
$\Pi_{i \in I} \mathfrak{a}_i$ 121
$\Pi_{i=1}^{n} \mathfrak{a}_i$ 121
$\Pi_{i=1}^{\infty} \mathfrak{a}_i$ 121
$\mathfrak{b}^{\mathfrak{a}}$ 123
Y^X 124
χ_B 125
$a < b, \ b > a$ 132
$(A, <)$ 135
$(A, <) = (B, <')$ 135
$(\cdots a \cdots b \cdots)$ 137
$(B, <') \subseteq (A, <)$ 137
$(B, <') \subset (A, <)$ 138
$<_{\varnothing}$ 138
$(A, <) \simeq (B, <')$ 140
$\langle (A, <) \rangle$ 145
$\omega, \ \omega^*$ 146
$\min B$ 148
$A(a)$ 150
$\alpha < \beta, \ \beta > \alpha$ 160
$W(\alpha)$ 161
$\alpha^-, \ \alpha^+$ 163
$\sup_{\xi \in A} \xi$ 163
$(A, <_1) + (A, <_2)$ 167
$A + B$ 167
$\alpha + \beta$ 167
$(A, <_1) \times (B, <_2)$ 171
$A \times B$ 171
$\alpha\beta$ 171
$(A, <_1)^{\circ (B, <_2)}$ 183
$A^{\circ B}$ 183
α^β 183

$P \lor Q$ 212
$P \land Q$ 212
$\neg P$ 212
$P \supset Q$ 212
$\forall x P$ 212
$\exists x Q$ 212
$\overline{\lim}_{n \to \infty} A_n$ 239
$\underline{\lim}_{n \to \infty} A_n$ 239
$\lim_{n \to \infty} A_n$ 239
$G_<$ 242
$\alpha_i (i \in I, <)$ 243
$\overset{\circ}{\Pi}_{i \in I} A_i$ 243

本書は一九五七年一月二十五日、培風館より刊行された。底本には一九八八年二月二十五日刊行の「増補版（第四十三刷）」を使用した。

物理学入門　武谷三男

数は科学の言葉　トビアス・ダンツィク　水谷淳訳

常微分方程式　竹之内脩

対称性の数学　高橋礼司

数理のめがね　坪井忠二

一般相対性理論　P・A・M・ディラック　江沢洋訳

幾何学　ルネ・デカルト　原亨吉訳

不変量と対称性　今井淳/寺尾宏明/中村博昭

数とは何かそして何であるべきか　リヒャルト・デデキント　渕野昌訳・解説

科学とはどんなものか。ギリシャの力学から惑星の運動解明まで、理論変革の跡をひもといた科学論。三段階論で知られる著者の入門書。（上條隆志）

数感覚の芽生えから実数論、無限論の誕生まで、数万年にわたる人類と数の歴史を活写。アインシュタインも絶賛した数学読み物の古典的名著。

初学者を対象に基礎理論を学ぶとともに、重要な具体例を取り上げ、それぞれの方程式の解法と解について解説する。練習問題を付した定評ある教科書。

モザイク文様等〝平面の結晶群〟ともいうべき周期性をもった図形の対称性を考察する入門書。勝負の確率といった身近な現象から抽象的な群論的思考へと誘う入門書。（梅田亨）

ものかぞえかた、最短距離で到達すべく、地球物理学の大家による数理エッセイ。後半に「微分方程式雑記帳」を収録する。

一般相対性理論の核心に最短距離で到達すべく、卓抜した数学的記述で簡明直截に書かれた天才ディラックによる入門書。詳細な解説を付す。

哲学のみならず数学においても不朽の功績を遺したデカルト。『方法序説』の本論として発表された『幾何学』、初の文庫化！　（佐々木力）

変えても変わらない不変量とは？　そしてその意味や用途とは？　ガロア理論や結び目の現代数学に現われる、上級の数学センスをさぐる7講義。

「数とは何かそして何であるべきか？」「連続性と無理数」の二論文を収める。現代の視点から数学の基礎付けを試みた充実の訳者解説を付す。新訳。

現代の初等幾何学	赤 攝也	ユークリッドの平面幾何を公理的に再構成するには？ 現代数学の考え方に触れつつ、幾何学が持つ面白さも体感できるよう初学者への配慮溢れる一冊。
現代数学概論	赤 攝也	初学者には抽象的でとっつきにくい〈現代数学〉。「集合」「写像とグラフ」「群論」「数学の構造」といった基本的概念を手掛かりに概説した入門書。
数学と文化	赤 攝也	諸科学や諸技術の根幹を担う数学、また「論理的・体系的な思考」を培う数学。この数学とはどのようなものか？ 数学の思想と文化を究明する入門概説。
微積分入門	W・W・ソーヤー 小松勇作訳	微積分の考え方は、日常生活のなかから自然に出てくるもの。∫や lim の記号を使わず、具体例に沿って説明した定評ある入門書。
新式算術講義	高木貞治	算術は現代でいう数論。数の自明を疑わない明治の読者にその基礎を当時の最新学説で説く。『解析概論』の著者若き日の意欲作。(高瀬正仁)
ガウスの数論	高瀬正仁	青年ガウスは目覚めとともに正十七角形の作図法を思いついた。初等幾何に露頭した数論の一端！ 創造の世界の不思議に迫る原典講読第2弾。
評伝 岡潔 星の章	高瀬正仁	詩人数学者と呼ばれ、数学の世界に日本的情緒を見事開花させた不世出の天才・岡潔。その人間形成と研究生活を克明に描く。誕生から研究の絶頂期へ。
評伝 岡潔 花の章	高瀬正仁	野を歩き、花を摘むように数学的自然を彷徨した伝説の数学者・岡潔。本巻は、その圧倒的な数学世界を得た絶頂期から晩年、逝去に至るまで丹念に描く。
高橋秀俊の物理学講義	高橋秀俊 藤村 靖	ロゲルギストを主宰した研究者の物理のセンスと力について、示量変数と示強変数 ルジャンドル変換、変分原理などの汎論四〇講。(田崎晴明)

物理現象のフーリエ解析	小出昭一郎	熱・光・音の伝播から量子論まで、振動・波動にもとづく物理現象とフーリエ変換の関わりを丁寧に解説。物理学の泰斗による名教科書。(千葉逸人)
ガロワ正伝	佐々木力	最大の謎、決闘の理由がついに明かされる！難解なガロワの数学思想をひもといた後世の数学者たちにも迫った、文庫版オリジナル書き下ろし。
ブラックホール	R・ルフィーニ 佐藤文隆	相対性理論から浮かび上がる宇宙の「穴」。星と時空の謎に挑んだ物理学者たちの奮闘の歴史と今日的課題に迫る。写真・図版多数。
はじめてのオペレーションズ・リサーチ	齊藤芳正	問題を最も効率よく解決するための科学的意思決定の手法。当初は軍事作戦計画として創案されたが、現在では経営科学等多くの分野で用いられている。
システム分析入門	齊藤芳正	意思決定の場に直面した時、問題を解決し目標を達成する多くの手段から、最適な方法を選択するための論理的思考。その技法を丁寧に解説する。
数学をいかに教えるか	志村五郎	「何でも厳密に」などとは考えてはいけない──。世界的数学者が教える「使える」数学とは。文庫版オリジナル書き下ろし。
数学をいかに使うか	志村五郎	日米両国で長年教えてきた著者が日本の教育を斬る！掛け算の順序問題、悪い証明と間違えやすい公式のことから外国語の教え方まで。
記憶の切繪図	志村五郎	世界的数学者の自伝的回想。幼年時代、プリンストンでの研究生活と数多くの数学者と評価。巻末に「志村予想」への言及を収録。(時枝正)
通信の数学的理論	C・E・シャノン/W・ウィーバー 植松友彦訳	IT社会の根幹をなす情報理論はここから始まった。発展いちじるしい最先端の分野に、今なお根源的な洞察をもたらす古典的論文が新訳で復刊。

初等数学史（下）	フロリアン・カジョリ 小倉金之助補訳 中村滋校訂	商業や技術の一環としても発達した数学。下巻は対数・小数の発明、記号代数学の発展、非ユークリッド幾何学など。文庫化にあたり全面的に校訂。
複素解析	笠原乾吉	複素数が織りなす、調和に満ちた美しい数の世界とは。微積分に関する基本事項から楕円関数の話題までがコンパクトに詰まった、定評ある入門書。
初等整数論入門	銀林浩	「神が作った」とも言われる整数。そこには単純に見えて、底知れぬ深い世界が広がっている。互除法、合同式からイデアルまで。（野﨑昭弘）
新しい自然学	蔵本由紀	科学的知のいびつさが様々な状況で露呈する現代。非線形科学の泰斗が従来の科学観を相対化し、全く新しい自然の見方を提唱する。（中村桂子）
ガロアの夢 群論と微分方程式	久賀道郎	ガロア群により代数方程式は新たな展開を見た。群、関数論、トポロジーの相互作用が織り出す数学の面白さ。伝説の名著復活。（飯髙茂）
座標法 やさしい数学入門	ゲルファント／グラゴレヴァ／キリロフ 坂本實訳	座標は幾何と代数の世界をつなぐ重要な概念。数直線のおさらいから四次元の座標幾何までを、世界的数学者が丁寧に解説する。訳し下ろしの入門書。
関数とグラフ やさしい数学入門	ゲルファント／グラゴレヴァ／シノール 坂本實訳	数学でも「大づかみに理解する」ことは大事。グラフ化＝可視化は、関数の振る舞いをマクロに捉える強力なツールだ。世界的数学者による入門書。
解析序説	小林龍一／廣瀬健 佐藤總夫	自然や社会を解析するための、「活きた微積分」のセンスを磨く！　差分・微分方程式までを丁寧にカバーした入門者向け学習書。
確率論の基礎概念	A・N・コルモゴロフ 坂本實訳	確率論の現代化に決定的な影響を与えた『確率論の基礎概念』に加え、有名な論文「確率論における解析的方法について」を併録。全篇新訳。（笠原晧司）

位相群上の積分とその応用
アンドレ・ヴェイユ　齋藤正彦訳

ハールによる「群上の不変測度」の発見、およびその後の諸結果を受け、より統一的にハール測度を論じた画期的著作。本邦初訳。(平井武)

シュタイナー学校の数学読本
ベングト・ウリーン　丹羽敏雄／森章吾訳

中学・高校の数学がこうだったなら！　フィボナッチ数列、球面幾何など興味深い教材で展開する授業十二例。新しい角度からの数学再入門でもある。

問題をどう解くか
ウェイン・A・ウィックルグレン　矢野健太郎訳

初等数学やパズルの具体的な問題を解きながら、解決に役立つ基礎概念を紹介。方法論を体系的に学ぶことのできる貴重な入門書。

数学フィールドワーク
上野健爾

微分積分、指数対数、三角関数などが文化や社会、科学の中でどのように使われているのか。さまざまな応用場面での数学の役割を考える。(芳沢光雄)

算法少女
遠藤寛子

父から和算を学ぶ町娘あきは、算額に誤りを見つけ声を上げた。と、若侍が……。和算への誘いとして定評の少年少女向け歴史小説。箕田源二郎・絵。世に送られた本書は最高の演習書。練り上げられた問題と丁寧な解答は知的刺激に溢れ、力学の醍醐味を存分に味わうことができる。(鳴海風)

演習詳解　力学〔第2版〕
江沢洋／中村孔一／山本義隆

経験豊かな執筆陣が妥協を排しつつ、世に送り出した本書は最高の演習書。練り上げられた問題と丁寧な解答は知的刺激に溢れ、力学の醍醐味を存分に味わうことができる。

原論文で学ぶ アインシュタインの相対性理論
唐木田健一

ベクトルや微分など数学の予備知識も解説しつつ、一九〇五年発表のアインシュタイン原論文を丁寧に読み解く。初学者のための相対性理論入門。

医学概論
川喜田愛郎

医学の歴史、ヒトの体と病気のしくみを概説。現代医療で見過ごされがちな「病人の存在」を見据えつつ、「医学とは何か」を考える。(酒井忠昭)

初等数学史（上）
フロリアン・カジョリ
小倉金之助補訳
中村滋校訂

厖大かつ精緻な文献調査にもとづく記念碑的著作。古代エジプト・バビロニアからギリシャ・インド・アラビアへいたる歴史を概観する。図版多数。

情報理論	甘利俊一	「大数の法則」を押さえれば、情報理論はよくわかる！シャノン流の情報理論から情報幾何学の基礎まで、本質を明快に解説した入門書。
線形代数　理工学者が書いた数学の本	甘利俊一	"線形代数の基本概念や構造がなぜ重要か、どんな状況で必要になるか"理工系学生の視点に沿った、数学の専門家では書き得なかった入門書。
神経回路網の数理	金谷健一	複雑な神経細胞の集合・脳の機能に数理モデルで迫り、ニューロコンピュータの基礎理論を確立した記念碑的名著。AIの核心技術、ここに始まる。
アインシュタイン回顧録	甘利俊一	"奇跡の年"こと一九〇五年に発表されたブラウン運動・相対性理論・光量子仮説についての記念碑的論文五篇を収録。編者による詳細な解説付き。
アインシュタイン論文選	アルベルト・アインシュタイン　ジョン・スタチェル編　青木薫訳	相対論など数々の独創的な理論を生み出した天才が、生い立ちと思考の源泉、研究態度を語った唯一の自伝。貴重写真多数収録。新訳オリジナル。
入門　多変量解析の実際	アルベルト・アインシュタイン　渡辺正訳	多変量解析の様々な分析法。それらをどう使いこなせばよいか？マーケティングの例を多く紹介し、ユーザー視点に貫かれた実務家必読の入門書。
公理と証明	朝野熙彦	数学の正しさ、「無矛盾性」はいかにして保証されるのか。あらゆる数学の基礎となる公理系のしくみと証明論の初歩を、具体例をもとに平易に整理し、その問題点を鋭く指摘した提言の書。
地震予知と噴火予知	彌永昌吉　赤攝也	巨大地震のメカニズムはそれまでの想定とどう違っていたのか。地震理論のいまと予知の最前線を明快に整理し、その問題点を鋭く指摘した提言の書。
ゆかいな理科年表	井田喜明	えっ、そうだったの！　発明大流行の瞬間をリプレイ、ときにニヤリ、ときになるほどとうならせる、愉快な読みきりコラム。
	スレンドラ・ヴァーマ　安原和見訳	数学や科学技術の大発見大

集合論入門

二〇一四年三月十日　第一刷発行
二〇二五年四月十五日　第六刷発行

著　者　赤　攝也（せき・せつや）
発行者　増田健史
発行所　株式会社筑摩書房
　　　　東京都台東区蔵前二―五―三　〒一一一―八七五五
　　　　電話番号　〇三―五六八七―二六〇一（代表）
装幀者　安野光雅
印刷所　株式会社加藤文明社
製本所　株式会社積信堂

乱丁・落丁本の場合は、送料小社負担でお取り替えいたします。本書をコピー、スキャニング等の方法により無許諾で複製することは、法令に規定された場合を除いて禁止されています。請負業者等の第三者によるデジタル化は一切認められていませんので、ご注意ください。
© TOSHIYA SEKI 2022 Printed in Japan
ISBN978-4-480-09588-6 C0141